Wilhelm Arnold

Der Pauli-Test

Anweisung zur sachgemäßen Durchführung,
Auswertung und Anwendung
des Kraepelinschen Arbeitsversuches

Fünfte, korrigierte Auflage

Mit 29 Abbildungen

Springer-Verlag
Berlin Heidelberg New York 1975

Professor Dr. Wilhelm Arnold, Psychologisches Institut der
Universität 87 Würzburg, Domerschulstraße 13

1.—4. Auflage erschienen im Johann Ambrosius Barth Verlag, München

ISBN 3-540-07461-9 5. Aufl. Springer-Verlag Berlin Heidelberg New York
ISBN 0-387-07461-9 5th edit. Springer-Verlag New York Heidelberg Berlin

ISBN 3-540-79653-3 4., erweit. u. verbess. Auflage
Springer-Verlag Berlin Heidelberg New York
ISBN 0-387-79653-3 4th, enlarged and revised edition
Springer-Verlag New York Heidelberg Berlin

Das Werk ist urheberrechtlich geschützt. Die dadurch begründeten Rechte, insbesondere die der Übersetzung des Nachdruckes, der Entnahme von Abbildungen, der Funksendung, der Wiedergabe auf photomechanischem oder ähnlichem Wege und der Speicherung in Datenverarbeitungsanlagen bleiben, auch bei nur auszugsweiser Verwertung, vorbehalten. Bei Vervielfältigungen für gewerbliche Zwecke ist gemäß § 54 UrhG eine Vergütung an den Verlag zu zahlen, deren Höhe mit dem Verlag zu vereinbaren ist.

Die Wiedergabe von Gebrauchsnamen, Warenbezeichnungen usw. in diesem Werk berechtigt auch ohne besondere Kennzeichnung nicht zu der Annahme, daß solche Namen im Sinn der Warenzeichen- und Markenschutzgesetzgebung als frei zu betrachten wären und daher von jedermann benutzt werden dürften.

© by Springer-Verlag Berlin · Heidelberg 1975.

Liberary of Congress Catalog Card Number: Arnold, Wilhelm, 1911 — Der Pauli-Test. First and 2d ed. by R. Pauli; first ed. published in Zeitschrift für angewandte Psychologie und Charakterkunde, Bd. 65, Heft 1—2, under title: Der Arbeitsversuch als charakterologisches Prüfverfahren. Bibliography: p. Includes index. 1. Pauli test. I. Arnold, Wilhelm, 1911 — II. Pauli, Richard, 1886—1951. Der Pauli-Test. II. Title. BF431.A584 1975 155.2'8 75-26908

Printed in Germany.
Reproduktion und Druck: F. Wolf, Heppenheim

Vorwort zur fünften, korrigierten Auflage

Die fünfte Auflage unterscheidet sich von der vierten Auflage nur durch eine einzige Tabelle!

In dieser Tabelle wird der Pauli-Test nach testtheoretisch gültigen Kriterien durchleuchtet; danach sind Korrelationen zwischen testinternen Kriterien mit Signifikanzwerten, Objektivität, Validität, Reliabilität, Teststabilität, innere Konsistenz des Pauli-Tests von einer wissenschaftlich kompetenten neutralen Stelle überprüft. Dieser beachtenswerte Forschungsbeitrag zum Pauli-Test wurde durch die polnische Akademie der Wissenschaften in Warschau eingebracht. Der Dank sei darum ausgesprochen an Herrn Prof. Dr. Mieczyslaw Choynowski und seine Mitarbeiter Mrs. Maria Manturzewska, Ph. D.; Miss Krystyna Dydynska, M. A. und Miss Zenomena Pluzek, Dr. habil. Bei der Klarheit und Eindeutigkeit der Aussagen dieser Forschungsarbeit erübrigt sich jedes kommentierende und interpretierende Wort; die polnische Arbeit wird in der Originalfassung (in englischer Sprache auf S. 177) abgedruckt.

Würzburg, August 1975 *Wilhelm Arnold*

Vorwort zur vierten Auflage

Die im Laufe der letzten Jahre systematisch betriebene Erfahrungssammlung mit dem Pauli-Test wurde angeregt durch zahlreiche Zuschriften über neue Erfahrungen mit diesem altbewährten Arbeitsversuch. Besonders in Kreisen der Medizin hat das Verfahren als diagnostisches Hilfsmittel sich viele Freunde gemacht. In Kreisen der Psychologenschaft wird weitgehend die Auffassung vertreten, daß der Pauli-Test zu den zuverlässigsten Kontrollmöglichkeiten in der diagnostischen Praxis rechnet, besonders mit der Konsolidierung der Normwerte und mit seiner zunehmenden faktorenanalytischen Interpretation. Den Kritikern des Pauli-Tests möchte ich ein Wort des Dankes sagen; in den Erwiderungen an anderer Stelle hat sich das meiste an der Kritik als Mißverständnis herausgestellt, doch sind in diesen wie in anderen Stellungnahmen auch sehr viele positive Anregungen enthalten gewesen. Meinen Kollegen im In- und Ausland, besonders denjenigen, die sich um die Faktoren- und die Fourieranalyse bemüht haben und mit denen ich in den letzten zehn Jahren schriftlich und mündlich Erfahrungen austauschen durfte, möchte ich an dieser Stelle ebenfalls aufrichtig danken. Eine Bitte begleitet die vierte Auflage: Möge, so wie in den letzten Jahren, der Erfahrungsaustausch weitergepflegt werden!
Die Ergänzungen der vierten Auflage beziehen sich im wesentlichen auf folgende Punkte:

- nach Altersstufen, Geschlecht und schulischer Vorbildung aufgegliederte neue Meßwerte,
- Maß-Tabellen und Vergleichskurven,
- Verifikation einer Umstrukturierung der Begabungskapazität,
- Komponentenanalyse,
- Faktorenanalyse,
- Erschließung neuer Anwendungsbereiche, insbesondere Feststellung der Schuleignung für verschiedene Schularten,
- differenzierte Untersuchungen an Hirnverletzten,
- Abwandlung für Analphabeten (Dots Addition Test).

In der Forschung des Pauli-Tests wird besonders die Faktorenanalyse weiterhin gepflegt werden müssen. Auch die Normwerte bedürfen einer laufenden Kontrolle.

Auch wenn Kurzformen des Pauli-Tests Anwendung fanden, offenbar auch mit Erfolg, so bleibt es bei der von Pauli getroffenen Feststellung, daß der Pauli-Test in seiner Normalform (60-Minuten-Dauer) die optimale und am meisten gesicherte Anwendungsmöglichkeit des Kraepelinschen Rechenversuches darstellt. Auch in der vierten Auflage bleiben viele Originalformulierungen Paulis erhalten, selbst wenn sie sehr ins Detail gehen; sie weisen auf die Notwendigkeit einer genauen und gewissenhaften Handhabung des Verfahrens hin.
Der vierten Auflage sind in dem beigelegten *Auswertungsmanuale* neue Normwerte (Mediane) beigefügt; dazu auch eine tabellarische Zusammenstellung der Symptome und ihre charakterologische Interpretation. Schließlich können die graphischen Darstellungen der Additionsleistungen in Abhängigkeit von Alter, Geschlecht und schulischer Vorbildung, wenn sie auf durchsichtiges Papier übertragen werden, als *Schablonen* dienen. Diese erleichtern die Bewertung der individuellen Arbeitskurven und ihre Interpretation. Für die Aufstellung dieser Vergleichsdaten lieferten die Ergebnisse der Komponenten- und der Faktorenanalyse die Richtlinien; sie weisen aber auch auf Grund der Endzahlen der errechneten Signifikanzen und Prozentränge auf ihre Grenzen hin.
Allen Mitarbeitern an der Pauli-Test-Forschung, die in dieser Auflage namentlich genannt wurden, möchte ich meinen aufrichtigen Dank sagen; auch denen, die zu nennen aus räumlichen Gründen nicht möglich war. Ich denke dabei an die zahlreichen Versuchspersonen und an die Mithelfer bei der Durchführung der zahlreichen Einzeluntersuchungen. Besonderen Dank schulde ich meinem Mitarbeiter, Herrn Studienrat Rausche für die Mithilfe bei der Anfertigung des in dieser Auflage neugefaßten Zahlenwerkes, den Herren Diplom-Psychologen Jankowski, Pfau und Osterland für die Durchführung von Einzelarbeiten sowie Herrn stud. phil. Wittkowski, der mich bei der Erstellung des Sachverzeichnisses unterstützte.
Der neue Zeitsignalgeber (Abb. 2) wurde durch den Institutswerkmeister, Herrn Pfister, gebaut.

Würzburg, Herbst 1969

Wilhelm Arnold

Inhaltsverzeichnis

Vorwort zur vierten Auflage	6
Richard Pauli zum Gedächtnis	9
Das Wesen des Arbeitsversuchs	13
Die Durchführung des Pauli-Tests	23
Die Auswertung	31
Die Deutung	43
Die Kurvenanalyse des Arbeitsverlaufs	54
Die Faktorenanalyse des Arbeitsversuchs	63
a) Kann der Arbeitsversuch „Gestaltgesetze geistiger Art" aufweisen?	63
b) Lassen sich in dem komplexen Arbeitsversuch konkrete Faktoren analytisch ermitteln?	66
c) Arbeitsdauer, Leistungsgröße und Leistungsgüte als Beweis für die multidimensionale Struktur des Pauli-Tests	73
Besondere Einflußfaktoren	77
Alter	78
Geschlecht	78
Soziologische und sozialpsychologische Faktoren	80
Wiederholung	83
Innere Haltung	86
Erbe	88
Über die praktische Anwendbarkeit des Pauli-Tests	89
Organische und psychogene Erkrankungen	90
Hirnverletzte	92
Biologische Sonderfälle	94
Pharmakologische Untersuchungen	95
Typologische Zusammenhänge	96
Schwererziehbare, Taubstumme, Blinde, Lungentuberkulöse	98
Bewährungskontrollen: Schule, Beruf, Sport	102
Quellen- und Literaturverzeichnis	112
Abbildungen	123
Tabellen	151
Auswertungsmanuale	171
Kontrolluntersuchungen der polnischen Akademie der Wissenschaften	177
Sachverzeichnis	182

Richard Pauli zum Gedächtnis

Am 22. März 1951 hat die psychologische Wissenschaft einen schmerzlichen Verlust erlitten. Professor Dr. Richard Pauli schloß, kurz vor seinem 65. Geburtstag, die Augen für immer. Pauli gehört als Psychologe zu den markantesten Vertretern der naturwissenschaftlichen Psychologie, wie sie seit den Zeiten Wilhelm Wundts und Gustav Theodor Fechners Theorie und Praxis der psychologischen Arbeit entscheidend befruchtete. Paulis besonderes Verdienst war die Einrichtung und der Ausbau des Psychologischen Institutes an der Universität München, eines Institutes von Weltruf, das er mit Fug und Recht „sein" Institut nennen durfte. 1913 begann dort sein Wirken unter Oswald Külpe; 1914 habilitierte er sich.

Für Richard Pauli war es nicht nur ein methodisches Anliegen, sondern eine Grundsatzfrage, die Forderungen der Wissenschaft im Bereich der Psychologie zu erfüllen. Nur das rechnet zum Wissen, was ergründet ist, vorsichtiger ausgedrückt, was begründet erscheint. Ernstes und echtes Bemühen um kritische Objektivität spricht aus dieser Einstellung ebenso wie das Bewußtsein von der Möglichkeit, daß es „Holzwege" im Denken und Forschen gibt. In ihrer Zwitterstellung zwischen den Natur- und Geisteswissenschaften liegt begründet, daß die Psychologie als Wissenschaft der Gefahr der Täuschung, der Befangenheit, des Subjektivismus im erkenntnisbeeinträchtigenden Sinn besonders ausgesetzt ist. Zugegeben, daß die Naturwissenschaften mehr um das Aufspüren der Gesetze und die Geisteswissenschaften mehr um die Beschreibung der Eigentümlichkeiten sich bemühen, auf beiden Seiten bleibt heute ein Rest von nicht exakt feststellbaren Sachbereichen. Ich erinnere in diesem Zusammenhang an den Limesbegriff in der Mathematik, der einer strengen Exaktheit zu widerlaufen scheint, an das Quant in der Physik, an die Relativität in der theoretischen Physik, an die sich gegenseitig fordernden Theorien des Lichtes als Korpuskel bzw. Welle. Nimmt es da wunder, daß dann, wenn der diese Probleme fühlende, denkende und erklären wollende Mensch als Forschungsgegenstand vorgenommen wird, eben in diesem Vorhaben Unbestimmtheitsrelationen im psychologischen Sinne auftreten und daß gerade hier mit Relativitäten gerechnet werden muß! Ein rein kausales Denken ist heute weder naturwissenschaftlich zu verantworten, noch kann sich die Geisteswissenschaft auf das teleologische Erkenntnisprinzip zurückziehen. Eine Synthese bahnt sich an, und zwar eine fruchtbare, schöpferische Synthese. Gerade diese schöpferische Synthese war das Hauptanliegen aller wissenschaftlichen Bemühungen RICHARD PAULIS.

Die Forschungen der experimentellen Ganzheitspsychologie erfüllten ihn mit Hoffnungen. Er nahm die Strukturpsychologie mit ihrer Hervorkehrung der wertetragenden Persönlichkeit ernst und übersah sie niemals. Das geht aus einem seiner Manuskripte über die Arbeitskurve (= *Pauli-Test*) klar hervor. Dort heißt es:

„Der Versuch, ein winziger Ausschnitt im Leben und Erleben des Betreffenden, ist eben doch mit dem nie eindeutig und vollständig Faßbaren der Gesamtpersönlichkeit verknüpft."

„Daß dagegen die freie, von innen her kommende, mehr schöpferische Tätigkeit so nicht erfaßt werden kann, höchstens einige Komponenten von ihr, steht von vornherein fest. Man darf allerdings dazusetzen, daß sie den Ausnahmefall auch im Leben darstellt."

„Es muß eine letzte Unsicherheit immer bestehen bleiben: es wäre falsch, daraus eine Abwertung des Verfahrens abzuleiten."

Auch der würde PAULI völlig verkennen, der glaubte, daß die moderne Schichtenpsychologie ihn nicht stärkstens berührt und als System überzeugt hätte. Das vorliegende Manuskript beginnt zwar mit einer Verteidigung der naturwissenschaftlichen, insbesondere der experimentellen Psychologie, gegen die Angriffe von KLAGES in seinen „Grundlagen der Charakterkunde". Doch wird von PAULI nicht die Charakterologie angegriffen oder verworfen. Wohl aber wird auf die Grenzen des charakterologischen Verfahrens hingewiesen. Die charakterologische Deutung der Arbeitskurve kennt also ihre Grenzen: sie liegen im Bereich der wertgebundenen, geistigen Persönlichkeit. Diese geistige Persönlichkeit wird von PAULI nicht geleugnet oder etwa als „Widersacher der Seele" vorgestellt, sondern vollauf respektiert in einem höheren, nicht nur psychologischen Sinn. Diesen Respekt vor dem Seelischen und Geistigen verrät die Anerkennung der höheren seelischen Schichten und das Wissen um die fundamentale Bedeutung alles endothymen Geschehens.

PAULI war – das verdient hier festgestellt zu werden – als wissenschaftlicher Forscher nicht eng spezialisiert, sondern umsichtig bestrebt, die theoretischen Forschungsergebnisse aller Systeme und Schulen fruchtbar zu machen im Sinne einer glücklichen Synthese zwischen Natur- und

Geisteswissenschaften. Mit dieser synthetischen Grundkonzeption hat PAULI gearbeitet und geforscht.

In besonders eindringlicher Weise kommt diese wissenschaftliche Haltung im „Arbeitsversuch" zum Ausdruck. In der Paulischen Fassung hat er sich weit über die Grenzen der psychologischen Fachwelt durchgesetzt und ist heute als *Pauli-Test* bekannt. Es handelt sich um ein Verfahren, das bemüht ist, die exakte experimentelle naturwissenschaftliche Methode zu verbinden mit den deutenden und intuitiven Praktiken der modernen Charakterologie, nach dem Paulischen Grundsatz: man darf keinen Forschungsweg verschmähen.

Wenn wir die heute in der praktischen Psychologie angewendeten Testverfahren überprüfen, so steht außer Frage, daß der *Pauli-Test* zu den geschätztesten gehört. In Hinblick auf seinen Anwendungsbereich steht er in Konkurrenz mit dem *Rorschach-Test*, dem *Wartegg-Test*, dem *thematischen Apperzeptions-Test*. Was die methodische Sicherheit angeht, darf gesagt werden, daß er nicht zuletzt durch das Verdienst PAULIS an die Spitze der eben genannten Verfahren gebracht wurde.

Folgende Erfolge gelten heute als unbestritten sicher:

1. Der *Pauli-Test* ist ein sicheres Diagnostikum zur Ermittlung altersmäßig bedingter individueller Differenzen.
2. Der *Pauli-Test* ist ein sicheres Diagnostikum zur Ermittlung konstitutiver Unterschiede, z.B. des Unterschieds der Geschlechter (die größere Widerstandsfähigkeit des weiblichen Geschlechts konnte zahlenmäßig nachgewiesen werden) oder des Unterschieds zwischen Stadt- und Landbevölkerung (größere Konstanz der Leistung auf dem Land). Damit ist die nicht erwartete sozialpsychologische Verwendbarkeit des *Pauli-Tests* gegeben.
3. Der *Pauli-Test* ist eine einwandfreie Leistungsprüfung.
   a) Er bewährte sich bei Kopfschußverletzten: Parietal- und Frontalverletzungen weisen die größten, Okzipitalverletzungen die geringsten Leistungsminderungen auf.
   b) Er bewährte sich als Verfahren zur Ermittlung des Einflusses äußerer Reize (Narkotika) auf die psychische Leistungsfähigkeit.
   c) Er bewährte sich als typisierendes Diagnostikum schwer erziehbarer Jugendlicher. Es wurden typische Kurven gefunden für Entwicklungsgehemmte, Haltlose und Schwachsinnige.

d) Er bewährte sich als Untersuchungsverfahren für Blinde, die zwar leistungsmäßig gegenüber den Normalsichtigen abfallen, deren individuelle Leistungsqualitäten sich aber im Test ebenso darstellen wie die Leistungsqualitäten der Normalen. Ein ebenso sozialpsychologisch wie psychotherapeutisch bedeutsames Resultat des Arbeitsversuchs!

4. Der *Pauli-Test* ist das sicherste experimentelle Verfahren zur Ermittlung des Einflusses der Arbeitseinstellung auf die Arbeitsleistung.
5. Der *Pauli-Test* ist ein experimentell verifizierendes Hilfsmittel der Typologie.
6. Der *Pauli-Test* ist ein experimentell begründetes Hilfsmittel der charakterologischen Diagnostik. Bei der Personalauslese für den Beamtennachwuchs, wie sie z.T. im Bereich des Landespersonalamtes Bayern, in der Bayerischen Arbeitsverwaltung und im Personalreferat der Stadt Hamburg vorgenommen wird, hat er sich bewährt. Eine weitere sehr saubere Bewährungskontrolle ergab sich, als man die mit Hilfe des *Pauli-Tests* erarbeiteten Diagnosen mit mehrjährigen Beobachtungen an Schülern verglich.

Nach der Vielzahl der heute aufweisbaren Bewährungen muß die praktische Anwendung des *Pauli-Tests* als geglückt bezeichnet werden. In Anbetracht dieses Erfolgs läßt sich zu der anfangs aufgeworfenen Problematik folgendes sagen: Es gibt keine zügellose Freiheit, auch nicht für die intuitiv und verstehend arbeitende Charakterologie. Bindung tut gerade hier not. Gemeint ist nicht eine Bindung in methodischer Hinsicht, sondern in der psychologischen Erkenntnishaltung ganz allgemein. Es ist eine Bindung, die sich innerlich und äußerlich auswirkt, in Ordnung und gesunder Fruchtbarkeit, eine Bindung, die einhergeht mit Bescheidenheit und Vorsicht.

RICHARD PAULI war ein wahrhaft bescheidener Mann, ein Vorbild als Wissenschaftler und als Mensch. Er begnügte sich nicht damit, seine Studenten in die Methode einzuführen und ihnen Wissensstoff zu vermitteln. Er lebte ihnen vor, was ihm heilig war.

Das Wesen des Arbeitsversuchs

Der Kraepelinsche Arbeitsversuch in Gestalt des fortlaufenden Addierens hat neuerdings eine Ausgestaltung erfahren, die ihn zu einem *ungewöhnlich ergiebigen und zuverlässigen Prüfverfahren* erhebt. Gedacht ist dabei an die mannigfachen Befunde, die einen ausgesprochen *charakterologischen Symptomkomplex* darstellen. Der letztere Gesichtspunkt kennzeichnet den gegenwärtigen Stand der experimentellen Arbeitspsychologie, soweit sie sich auf den klassischen Ausgangsversuch stützt.
Indem das festgestellt wird, darf auch auf die allgemeine Bedeutung hingewiesen werden, die gerade diesem Versuch im Rahmen der experimentellen Psychologie zukommt. Sie wird besonders deutlich, wenn man die Ausführungen von L. KLAGES heranzieht. Er benutzt dieses Beispiel zu einer vernichtenden Kritik der „Schulpsychologie" vom charakterologischen Standpunkt aus. Es heißt in den „Grundlagen der Charakterkunde": „Zugleich übertrug man eine für die Geisteswissenschaften überhaupt recht fragwürdige Methode, die des Versuchemachens, auf das Gebiet der Charakterkunde, wo sie völlig untauglich ist. ... Der Verkehrtheit der Fragestellung entsprach auf der ganzen Linie das Fiasko in den Ergebnissen, das wir mit Stillschweigen übergingen, schiene es nicht geeignet, deutlicher als irgendeine andere Tatsache die herkömmlichen Schranken der heutigen Psychologie zu enthüllen. Wir wählen als Beispiel nicht diesen oder jenen Mitläufer, sondern eine mit Recht allgemein anerkannte Autorität. KRAEPELIN, ein nicht nur auf seinem Sondergebiete, der Psychopathologie, sehr ernst zu nehmender Gelehrter, sondern auch ein Virtuose der klinischen Klassifizierungskunst, stellt als Grundeigenschaft der Persönlichkeit auf: Übungsfähigkeit, Anregbarkeit, Ermüdbarkeit. Genauer sind es folgende Kategorien: Leistungsfähigkeit, Übungsfähigkeit, Übungsfestigkeit, Spezialgedächtnis, Anregbarkeit, Ermüdbarkeit, Erholungsfähigkeit, Schlaftiefe, Ablenkbarkeit, Gewöhnungsfähigkeit. Das will sagen, daß z. B. die Verschiedenheiten eines Diokletian und Gregors VII. zurückgehen müßten auf solche der Übungsfähigkeit, Anregbarkeit, Ermüdbarkeit! Jedes Wort der Kritik wäre zuviel."
Soweit KLAGES. Man erkennt unschwer das Mißverständis von KRAEPELINs eigentlicher Absicht. Er hat nie behauptet, was ihm hier unterstellt wird. Wohl aber hat er das Verdienst, als erster Vertreter der

experimentellen Psychologie auf die Gesamtpersönlichkeit und deren Erforschung als eigentliches Ziel hingewiesen und von einem bestimmten Punkte aus diese Aufgaben in Angriff genommen zu haben. Heute ist es gelungen, einen Fortschritt über dessen ursprünglichen Stand hinaus zu machen, und zwar gerade in der Richtung, die nach KLAGES ganz unmöglich ist. Dieser Umstand beleuchtet die Tragweite des Verfahrens im allgemeinen.

Der *Vorzug* des Verfahrens gegenüber verwandten Untersuchungsweisen ist mehrfach begründet. Es fallen hier vor allem die Fehlerquellen fort, die sich sonst bei jeder Prüfung geltend machen. Die störende Besorgnis, man könne der Aufgabe vielleicht nicht gerecht werden, ist in diesem Falle gegenstandslos und kann gleich zu Beginn behoben werden. Es handelt sich um eine unbedingt bekannte und gekonnte Leistung. Eine trotz alledem auftretende anfängliche Scheu, die sich bei manchen nicht vermeiden läßt, wirkt sich letzten Endes nicht schädigend aus wie bei jedem Kurzversuch. Im Laufe einer Stunde – als der normalen Dauer – ist hinreichend Gelegenheit geboten, sich einzugewöhnen und umzustellen, so daß das wirkliche Können sicher zutage tritt. Die Erfahrung hat gelehrt, daß die ersten 10, selbst 20 Minuten längst nicht immer ein zutreffendes Bild davon liefern: für sich allein eine wichtige Tatsache. Noch ein Vorzug in gleicher Richtung kommt hinzu: Der Versuch läßt sich überall – noch dazu unauffällig und unwissentlich – durchführen, besonders im gewohnten Rahmen der Schule. Damit sind die Nachteile des Prüfungsbewußtseins sicher vermieden, die Durchführung aber in wünschenswerter Weise erleichtert, d.h. von örtlich-zeitlicher Bindung befreit.

Eine weitere Fehlerquelle, die im allgemeinen jeder Prüfung anhaftet, ist hier ausgeschaltet: das unerwünschte, weil erleichterte Wissen um die Sache, besonders um die Lösung der Aufgabe. Ist eine solche, meist erschlichene Kenntnis vorhanden, so verliert das Ganze seinen Sinn; denn die fragliche Leistung wird einfach durch jenes unerlaubte Wissen ersetzt. Daß dieser Umstand bei Prüfungen aller Art, demnach auch bei Eignungsuntersuchungen, eine Rolle spielt, ist bekannt. Erkundigungen, Mitteilungen und Winke sorgen für die Durchkreuzung der eigentlichen Absicht. Seit in Amerika die Intelligenzprüfungen allgemein geworden sind, steigt der Intelligenzquotient dauernd: so gut ist die häusliche Vorbereitung. Im vorliegenden Falle ist dieser Mißstand ausgeschlossen.

Das vorherige Wissen um die Sache, die gar nichts Neues vorstellt, bedeutet keinerlei Unterstützung: wie auch dynamometrische Messungen durch Vorkenntnisse nicht geändert werden können. In dieser Hinsicht ist also das Verfahren ebenfalls fehlerfrei.

Ein nicht zu unterschätzender Vorteil des Arbeitsversuches liegt darin, daß er mit einer größeren Zahl von Teilnehmern gleichzeitig durchgeführt werden kann: bis zu 40, auch 50 Personen – entsprechend einer Schulklasse – können herangezogen werden. Damit ist eine beträchtliche Zeitersparnis verbunden: ein Umstand, der gegebenenfalls sehr ins Gewicht fällt. Darüber hinaus bedeutet der Massenversuch eine Gelegenheit, die Wirkung der Gemeinschaftsarbeit zu beobachten, mit ihren Antrieben des Wetteifers und Ehrgeizes, aber auch mit ihrer Beeinträchtigung und Störung.

Die ausgesprochene Leichtigkeit der Grundleistung, die allgemeine Vertrautheit damit, bringen es mit sich, daß der Anwendung des Verfahrens bezüglich des *Personenbereiches* fast keine Grenzen gezogen sind. Vom 7. Lebensjahr an kann jeder dieser Prüfung unterzogen werden, unabhängig von Alter, Geschlecht und Bildung, auch von Begabung, Schwachsinn leichteren Grades nicht ausgeschlossen (PLÖSSL). Die Vergleichsmöglichkeiten sind damit praktisch nahezu unbegrenzt. Nicht leicht kann man das von einem anderen Test behaupten.

Endlich ist noch ein allgemeiner Vorzug zu nennen, der dieses Verfahren vor anderen auszeichnet. Man braucht nur an die grundsätzliche Forderung zu denken, die für Prüfungen aller Art erhoben werden muß. Es kommt nicht allein auf das Leistungsergebnis, sondern auf den Leistungsweg an. M. a. W.: Nicht nur ein Teil, wenn auch der wichtigste, sondern das Ganze muß bei der Beurteilung berücksichtigt werden. Die sachgemäße Bewertung der Leistung selbst ist nur auf diesem Wege möglich. Das gilt insbesondere bei Mißerfolgen (sog. Versagern). Je nach dem Zustandekommen sind auch diese positiv zu bewerten. Die Arbeitskurve liefert ein vollständiges Bild vom Gang der Leistung. Man kann das Verhalten von 3 Minuten zu 3 Minuten verfolgen; man ist nicht wie sonst auf oft schwankende Angaben angewiesen, sondern kann die so wichtige Einstellung auf die Arbeit verfolgen, dazu das Durchhalten bis zum Schluß. Dabei ist zu bedenken, daß es sich in jedem Falle um eine nicht unerhebliche Beanspruchung handelt.

Dem Arbeitsversuch kommt jedenfalls eine Ausnahmestellung unter den

Untersuchungsverfahren zu, insbesondere soweit sie in das Charakterologische gehen. So sehr dieser Gesichtspunkt zu betonen ist, so wichtig ist auch der andere: die Empfindlichkeit dieses Versuches und die Notwendigkeit einer sachgemäßen Durchführung wie Auswertung und Deutung. Ohne sie verliert er seinen Sinn. Das gilt letzten Endes von jedem experimentell-psychologischen Versuch, von diesem aber ganz besonders. So wie das Verfahren selbst in seiner Durchführung bestimmte Anforderungen stellt, soll es zuverlässige Ergebnisse liefern, so verlangt auch die Auswertung ein Höchstmaß an Sorgfalt und Gewissenhaftigkeit.

Es entsteht damit eine eigenartige Lage und eine besondere Aufgabe: einerseits ein unübertreffliches Verfahren, auf das niemand verzichten wird, der einmal seine Vorzüge erprobt hat, anderseits beträchtliche Anforderungen und erheblicher Aufwand an Zeit, Mühe und auch psychologischer Schulung. Für die Praxis ist damit eine bezeichnende Schwierigkeit gegeben. Es fragt sich: Ist das Instrument im allgemeinen nicht zu anspruchsvoll und kostspielig, um als allgemeines Untersuchungsverfahren dienen zu können? Damit ist der Gegenstand nachstehender Ausführungen gekennzeichnet. Sie sollen die sachgemäße Anwendung des Versuches sichern durch eine gründliche Beschreibung und Anweisung. Sie wollen alle Handhaben zur Erleichterung und Zeitersparnis bieten, um so den Bedürfnissen des Praktikers gerecht zu werden.

Bevor von Einzelheiten die Rede sein kann, ist der Arbeitsversuch psychologisch zu klären.

Die seelischen Tatbestände, die mit der Arbeit gegeben sind, sollen planmäßig herbeigeführt und der Untersuchung zugänglich gemacht werden, indem man eine bestimmte und für diesen Zweck besonders geeignete Tätigkeit ausführen läßt, das Ergebnis genau zergliedert und als Grundlage für entsprechende Rückschlüsse benutzt. Dies ist KRAEPELINS Leitgedanke, mit dem er die experimentelle Arbeitspsychologie begründet hat.

Als Tätigkeit dient das Rechnen in seiner einfachsten Form – Addieren zweier einstelliger Zahlen unter Ausnutzung aller vorhandenen Zusammenstellungen. Da die Addition von 0 und 1 qualitativ und quantitativ nicht den Additionsleistungen der Ziffern 2—9 gleichwertig ist, wird die Schwierigkeit der Additionsleistungen vornehmlich durch die Additionen der Zahlen 2–9 bestimmt (64 Kombinationen). Bezeichnend ist weiter die schriftliche Form, die Weglassung der Ziffer 1 bei zweistelliger Summe. Die Kürze der Einzelleistung bedingt deren Fortsetzung bzw. Wiederholung, soll eine wirkliche Arbeit zustande kommen, d. h. es handelt sich hier um sog. Dauerrechnen, das sich über eine Stunde und mehr erstrecken kann. Es ist also eine Tätigkeit, die in vieler Beziehung der kaufmännischen Staffelrechnung ähnelt. Der Unterschied liegt darin, daß bei den verwendeten senkrechten Zahlenreihen das jeweilige Ergebnis nicht unter die Summanden, sondern rechts daneben (in die Lücke der drunter und drüber stehenden Zahl) zu schreiben ist; eine weitere Verschiedenheit ist es, daß nicht mit aufsteigender Summe addiert wird, wobei jede Zahl nur einmal Verwendung findet. Hier dagegen ist dies zweimal der Fall, sofern der zweite Summand einer Addition der erste bei der folgenden wird. Wesentlich ist endlich für diese Arbeit, daß die betreffende Zeit in gleiche Strecken (3 Minuten) untergeteilt wird, derart, daß die Vp. jedesmal nach Ablauf dieser Zeit eine Marke (Querstrich) in der Zahlenreihe einschaltet. Auf dieser Maßnahme beruht die exakte Auswertung in graphischer Form. Überdies ist damit ein weiterer Unterschied zum üblichen Addieren gegeben, das solche Unterbrechungen nicht kennt.

Die Grundzüge des Arbeitsverfahrens stehen damit fest und erlauben dessen psychologische Kennzeichnung. Zunächst handelt es sich um eine Tätigkeit, die nicht eigenem Antrieb entspringt, sondern die durch Übernahme einer fremden Forderung zustande kommt, also von außen her auferlegt ist: im Gegensatz zu einer Arbeit, die spontan vollzogen wird, wie z. B. ein Kunstwerk. Bezeichnend ist weiter, daß die einzelnen Teilvorgänge merklich gleich sind zum Unterschied von der sog. natürlichen Arbeit, für die gerade die Verschiedenartigkeit in dieser Beziehung maßgebend ist. Arbeitsteilung und Gleichartigkeit der Teilleistungen sind dagegen das Merkmal aller künstlichen oder Fabrikarbeit (vgl. das laufende Band). Die einzelnen Glieder der Arbeit sind auch nicht wie bei natürlicher Arbeit auf ein bestimmtes, bewußtes Endziel ausgerichtet, dessen Erreichung den Arbeitsvorgang beendet, z. B. wie bei einer Operation. Die damit gegebenen Zusammenhänge und Anreize fehlen ebenso wie das Erleben des angestrebten Erfolges mit seinen Spannungen und ihrer Lösung. Die Beeendigung der Arbeit und ihr Zeitpunkt liegen nicht in der Sache im Sinne einer Selbstbeendigung (vgl. Herstellung eines Möbels), sondern können nur von außen her bestimmt werden. Die Eintönigkeit des Geschehens, der Mangel fast aller Anreize ist hier maßgebend, wenn man von dem Befriedigungserlebnis angesichts eines erfüllten Leistungssolls und einer Art von sportlichem Leistungserlebnis absieht. Typisch endlich ist die Leichtigkeit der geläufigen Aufgabe. Durch die ständige Wiederholung während des Versuches wird zudem eine entsprechende Bereitschaft herbeigeführt.

Die stete Wiederkehr einer annähernd gleichförmigen Leistung erlaubt auch noch eine Kennzeichnung der Versuchsarbeit von einem anderen Gesichtspunkt her. Man kann sie auffassen als eine fortlaufende Reihe von *Reaktionen*. Das einzelne Zahlenpaar wirkt als Reiz, der mit einer bestimmten Reaktionsbewegung, dem Anschreiben einer Ziffer, zu beantworten ist. Somit läßt sich das Ganze auffassen als eine Serie von Wahlreaktionen, besser gesagt: von Reaktionen mehrfacher Zuordnung.

Sofern von Schwierigkeit und Anstrengung die Rede sein kann, kommt es lediglich auf die zeitlichen Verhältnisse an, auf die abverlangte Versuchsdauer und besonders auf die Geschwindigkeit. Letztere ist gleichbedeutend mit dem Eigentempo, abhängig vom jeweiligen Temperament. Die Belastung, die mit der Arbeit gegeben ist, hängt demnach nicht so sehr von äußeren Umständen ab als vielmehr von der persönlichen Anstrengung und geht mit ihr Hand in Hand. Der Leistungserfolg drückt somit die willentliche Selbstbelastung aus.

Der unbedingten Vertrautheit mit der Aufgabe im Sinne der Höchstübung steht ein Moment des Ungewohnten gegenüber, und zwar in mehrfacher Weise. Ungewohnt ist das Weglassen der Ziffer 1, das Nichtausschreiben des Ergebnisses, ungewohnt auch das seitliche Anschreiben, ungewohnt das paarweise Addieren unter Doppelverwendung jeder Zahl, ungewohnt endlich die Zeitmarke. Auch das Verbot des Nachrechnens und Verbesserns rechnet hierher, endlich das Anbringen von Zeitmarken in regelmäßigen Abständen (als eine Art Unterbrechung oder gar Störung). Diese Art des Rechnens erfordert also eine ausgesprochene *Umgewöhnung* neben der üblichen Einstellung auf die Arbeit. Gedacht ist dabei an jene beschleunigenden Momente, die durch ausschließliche Zuwendung zur Aufgabe und durch zweckmäßige Verwendung von Hilfsmitteln entstehen. Im vorliegenden Falle würde das die Ausschaltung aller störenden Zwischenerlebnisse bedeuten, sowie das geschickte Ineinander von Schreiben und Lesen bzw. Rechnen. Bemerkenswert ist endlich, daß das Rechnen eine Tätigkeit darstellt mit ganz eindeutigen

Maßstäben von Richtig und Falsch, bewußt auch dem Ausführenden selbst. Jede Abstufung im Sinne von mehr oder weniger guter Lösung entfällt hier. Alle diese einzelnen Züge wirken sich selbstverständlich individuell verschieden aus, und gerade dieser Umstand verleiht ihnen eine besondere Bedeutung.

Die Eigenart des Versuchserlebnisses ist jedenfalls klar: Es handelt sich um eine künstliche, nicht natürliche Arbeit, um eine eintönige, des Reizes der Neuheit wie der Zielgerichtetheit aller Teilvorgänge entbehrende Tätigkeit, die leicht zur Sättigung bzw. Übersättigung führt; bei aller Bekanntheit und Geläufigkeit doch mehrfach ungewohnt; nicht aus eigenem Antrieb kommend, sondern von außen her auferlegt; mit dem einzigen Anreiz des Sportes oder Rekordes (bei gemeinsamer Tätigkeit), wozu noch das Bewußtsein fremder Überwachung und Bewertung der Leistung kommt; an sich leicht, nur schwierig entsprechend dem willentlichen Eigentempo; verknüpft mit einem ausgesprochenen Bewußtsein von Richtig und Falsch; nicht durch sich selbst (durch Vollendung eines Werkes) beendet, sondern von außen her, ohne inneren Zusammenhang mit dem Tun selber.

Ein Punkt bedarf noch besonderer Erwähnung. Das ist die Dauer, ihr Einfluß, d.h. ihre Beurteilung seitens der Versuchsteilnehmer selbst. Es hat sich eine ausgesprochene Zeittäuschung herausgestellt, sofern durchgängig eine starke Unterschätzung auftritt. Die Angaben schwanken zwischen $\frac{1}{2}$ und $\frac{3}{4}$ Stunden (bei Erwachsenen) bei tatsächlich einstündiger Arbeitszeit.

Es fragt sich, inwieweit unter diesen Bedingungen ein so gewonnenes Ergebnis verallgemeinerungsfähig ist, zunächst für das Arbeitsverhalten überhaupt, sodann für die Persönlichkeit, in die es eingebettet ist. Bedenken regen sich. Ist eine so besonders geartete Arbeit, die vieler Merkmale der natürlichen Form entbehrt, nicht ungeeignet für den in Rede stehenden Zweck? Verhält sich jemand dagegen ablehnend und zeigt eine entsprechende Minderleistung, ist dann ein Rückschluß auf seine tatsächliche Leistungsfähigkeit und Gesamtveranlagung erlaubt? Diese Fragen berühren offenbar den Kern des Ganzen, und ohne ihre Klärung erscheinen alle Einzelheiten wie alle Bemühungen zur Verfeinerung des Verfahrens gegenstandslos.

Von vornherein ist zuzugestehen, daß hier an Grenzen der Verwendbarkeit des Arbeitsversuches gerührt wird. Es handelt sich nur darum, wo sie liegen und wie sie zu bewerten sind. Was den Hauptpunkt, die innere Teilnahmslosigkeit, betrifft, so gelten folgende Gesichtspunkte: Es ist kein Nachteil, sondern in vieler Beziehung ein Gewinn, daß eine nicht besonders zusagende Tätigkeit gewählt ist. Um das zu durchschauen, muß man sich das Wesen der Arbeit, insbesondere der Berufsarbeit, klarmachen. Es handelt sich um eine zweckbewußte Tätigkeit, deren Endziel nicht – wie beim Spiel – in der Tätigkeit als solcher gelegen ist, sondern in der Schaffung eines Werkes jenseits der Tätigkeit (KERSCHENSTEINER). Darin liegt auch die Überwindung von Schwierigkeiten aller Art eingeschlossen. Die Forderung einer nicht besonders zusagenden Tätigkeit ist durchaus im Sinne der Sache gelegen und trifft eine Seite, die nachgeprüft sein will, wenn von der Arbeits- und Leistungsfähigkeit eines Menschen die Rede ist. Das Leben, jeder Beruf stellen ähnliche Anforderungen: auch das zu tun und zu leisten, was nicht den eigenen Wünschen entspricht. Andere Gesichtspunkte kommen hinzu, die in gleiche Richtung weisen. Der Versuch ist mit einer nachdrücklichen und ernsthaften Aufforderung zur Leistung verbunden; die Versuchssituation trägt Aufforderungscharakter, den Lebensverhältnissen durchaus angepaßt. Denn es besagt etwas, wenn sich jemand einer eindringlichen Forderung von maßgebender Seite verschließt oder ihr bereitwillig oder endlich unter Überwindung nachkommt. Diese Seite wird noch unterstrichen durch die Form, in der das Verfahren durchgeführt wird (als Massenversuch) in Gestalt einer Gemeinschaftsarbeit. Alle sind tätig entsprechend der Anweisung. Darin sollte ein natürlicher Ansporn liegen. Eine Ablehnung trotz alledem ist unstreitig ein Symptom, dessen Deutung nicht schwer sein kann.

Es kommt also nur darauf an, die vorhandenen Bezüge zu sehen und die Nutzanwendung daraus zu ziehen. Es bedeutet schon etwas, wenn jemand eine Leistung verweigert, obwohl nach Lage der Dinge gute Gründe für ihren Vollzug vorliegen; obwohl er von maßgebender Seite eindringlich aufgefordert ist; obwohl er weiß, Fremde beurteilen das Ganze; obwohl es im eigenen Interesse gelegen ist; obwohl andere Gleichgestellte dasselbe tun. Im übrigen liefert diese experimentell durchgeführte Arbeit alle die allgemeinen Faktoren, die bei jeder Arbeit, gleich welcher Art, auftreten: Ermüdung, Schwankungen usw. Daß dagegen die freie, von innen heraus kommende, mehr schöpferische Tätigkeit so nicht erfaßt werden kann, höchstens einige Komponenten davon, steht von vornherein fest. Man darf allerdings dazusetzen, daß sie den Ausnahmefall auch im Leben darstellt. Die üblichen Anforderungen dagegen sind sehr wohl im Arbeitsversuch zu fassen. Und das genügt zur Rechtfertigung seines Charakters als eines ausgesprochenen Prüfungsversuches.

Endlich ist noch auf ein naheliegendes Bedenken einzugehen, das leicht zu einer abwegigen Auffassung des Versuches führen kann. Es betrifft die Eigenart der Arbeit in Gestalt des Addierens. Wird so nicht lediglich die Rechenfähigkeit geprüft? Darauf ist zu erwidern: Für diesen Zweck müßte vor allem eine schwierigere Leistung gewählt werden, als es hier der Fall ist. Das Addieren besitzt in diesem Zusammenhang mehr Zufallscharakter, d.h. es könnte jederzeit durch eine andere Tätigkeit ersetzt werden, welche die gleichen Dienste leistete. Eine solche ist allerdings nicht auffindbar, soweit man urteilen kann, und das ist der Grund für die Wahl des Addierens.

Im übrigen läßt sich beweisen, daß beim fortlaufenden Addieren nicht einfach die Rechenfähigkeit maßgebend ist. Man braucht nur die Dauer der verschiedenen Additionen im Durchschnitt bei Einzeldarbietung durch das Tachistoskop zu bestimmen (mittels der Stoppuhr): dann ergibt sich, daß sie regelmäßig, d.h. bei allen Personen kleiner ist als die Zeit, die im Mittel bei einstündigem Rechnen beansprucht wird. Der Betrag schwankt zwar individuell, weist aber die allgemeine Größenordnung von 0,15 sec. für die Addition auf. Rechnet man rund 3000 Additionen auf die Stunde, so heißt das, daß 51–52 Minuten für andere Erlebnisse als das Rechnen verwandt werden, bzw. daß für die Leistung bei Dauerrechnen noch ganz andere Momente maßgebend sind als gerade die Additionsgeschwindigkeit. Auch sie unterliegt starken individuellen Schwankungen (die sich in Grenzen wie 1 : 1,7 bewegen). Diese Zahlen gelten für gebildete Erwachsene und deuten wohl weniger auf Verschiedenheit der Rechenfähigkeit als des psychischen Tempos hin. Daß der Erfolg beim fortlaufenden Addieren nicht einfach Sache der besonderen Befähigung zu dieser Leistung ist, haben auch sonstige Untersuchungen mit dem Ziel eines Nachweises der Hauptkomponenten ergeben. Es bleibt also dabei, daß der Rechenversuch nicht eine einzelne Seite, sondern ein Gesamtverhalten und damit auch entsprechende Veranlagungen trifft.

Außerdem steht fest, daß der Arbeitsversuch Rückschlüsse auf die Leistungsfähigkeit gestattet, soweit sie nicht Sache der Begabung, sondern des Willens ist; damit ist der erste Schritt zu einer praktischen Verwendung getan. Man wird es indessen dabei nicht bewenden lassen, vielmehr zur Erschließung der Leistungspersönlichkeit fortschreiten: wie es bereits KRAEPELIN vorgeschwebt hat. Es kann kein Zweifel sein, in welcher Richtung dies geschehen muß. Als Willenssache hängt der Versuch notwendig mit dem Charakter des Menschen zusammen; darunter wird hier vornehmlich der Inbegriff derjenigen Strebungen verstanden, die durch Beständigkeit gekennzeichnet sind. Eine weitere Einschränkung ist dabei notwendig. Strebungen können sich auf Personen oder auf Sachen (Aufgaben) beziehen. Es versteht sich von selbst, daß in diesem Zusammenhang der letztere Fall so gut wie ausschließlich zu berücksichtigen ist. So wird der Versuch Hinweise liefern auf den Grad der Willensstärke, der Zähigkeit, Ausdauer, Selbstbeherrschung, der inneren Sammlung, auch der Gleichmäßigkeit u. ä. mehr. Die Erkenntnis solcher Wesenszüge stellt die wichtigste Leistung des Arbeitsversuches dar. Allerdings handelt es sich nur um Wesenseigenschaften, die in unmittelbarer Beziehung zur Leistung stehen. Reine *Wesenseigenschaften* (z. B. gütig, aufrichtig, treu usw.) *sind diagnostisch nur sehr unzulänglich anzugehen* (Sicherheit 30%), *Leistungseigenschaften sind sicherer zu ermitteln* (90% Sicherheit; vgl. MERZ).

Bei der Deutung der Befunde darf auch die Beziehung von Mensch zu Mensch nicht außer Betracht gelassen werden. Manche Züge, wie etwa die Stetigkeit des Verhaltens, berühren Sachliches wie Persönliches in gleicher Weise und dürfen demgemäß verallgemeinert werden.

Endlich ist in diesem Zusammenhange darauf hinzuweisen, daß der Arbeitsversuch in seiner heutigen Gestalt auf die Erfassung aller überhaupt möglichen Symptome ausgeht. Neben dem Leistungsergebnis einschließlich des Leistungsweges sprechen auch mit: das Verhalten während des Versuches; rückschauende Selbstbeobachtung und Selbstbeurteilung, geleitet durch bestimmte Fragen; dazu Ausdruckserscheinungen, wie sie das Schriftbild bietet.

Soviel zur Kennzeichnung des Arbeitsversuches als einer psychologischen Erkenntnisquelle.

Die Durchführung des Pauli-Tests

Vorausgeschickt sei, daß es sich stets um Erstversuche handelt, niemals um Wiederholungen, weil damit ganz andere Bedingungen gegeben sind. Es gilt demnach der *Grundsatz vom Erstversuch* für alle derartigen Prüfungen. Im Zweifelsfalle ist vor Beginn zu ermitteln, ob jemand eine Arbeitsprobe bereits hinter sich hat. Gegebenenfalls läßt sich dies auch aus dem Versuchsergebnis selbst entnehmen. Ungewöhnliche Höhenlage ($\geqq 30\%$) und abgeflachter Verlauf sind dafür bezeichnend.

An *äußeren Hilfsmitteln* bedarf es außer dem genormten Rechenbogen[1] einer geeigneten Schreibunterlage, am besten dickes Löschpapier; dazu je zwei nicht zu lang und nicht zu fein gespitzte Bleistifte Nr. 2; zwei müssen es sein, damit bei etwaigem Stumpfschreiben, Fallenlassen oder Abbrechen sofort ein Ersatz zur Verfügung ist. Auch sind sie sechskantig und nicht rund zu wählen, um das Herunterrollen auszuschließen. Weiter ist zu achten auf freien Arbeitsplatz, d.h. großen Tisch, ganz besonders bei Massenversuchen, um gegenseitige Störungen zu vermeiden. Bequemer Sitz, ausreichende Beleuchtung, angemessene Lüftung und Zimmerwärme, ein ruhiggelegener Raum sind alles genau einzuhaltende Versuchsbedingungen. Endlich gehört hierher die Tagesstunde unter Berücksichtigung der vorangegangenen Zeit und ihrer Ausnutzung. Zweckmäßig wählt man eine frühe Stunde, die vorhergehende Beschäftigung ausschließt (8 Uhr).

Von entscheidender Bedeutung ist die *Anweisung:* die Teilnehmer sind mit der Aufgabe vertraut zu machen. Es wird erklärt, was mit den senkrechten Zahlenreihen des Rechenbogens zu geschehen hat: Die einfachste Rechnung, die es gibt, soll fortlaufend ausgeführt werden: *Je zwei einstellige Zahlen sind zusammenzuzählen, und zwar derart, daß in jede Lücke rechts die Summe der drüber und drunter stehenden Zahl zu schreiben ist, unter Weglassung der Ziffer Eins, wenn das Ergebnis zweistellig ausfällt.* Ein Beispiel wird vorgerechnet, um von vornherein jeden Zweifel und jede abwegige Ausführung auszuschließen. Zu betonen ist, daß keine Lücke übersprungen werden darf, jede Zahl also wiederholt als Summand dient, im Gegensatz zum üblichen Addieren mit aufsteigen-

---

[1] Das gesamte Zubehör zum Arbeitsversuch kann von der Firma C. Th. Entreß, München 5, Holzstraße 39, bezogen werden (s. Abb. 1).

der Summe. Die Ziffer Eins bleibt als selbstverständlich zwecks Vereinfachung weg: dies zur Erläuterung, um unnötigen Fragen vorzubeugen. Nun erhält jede Vp. einen Probestreifen mit 2 Reihen zu je 10 Ziffern, führt einige Additionen aus, um mit der Tätigkeit vertraut zu werden. Die Nachprüfung gibt ihr die Sicherheit, daß alles in Ordnung ist, sie demnach nur so fortzufahren hat. Gleichzeitig wird darauf hingewiesen, daß mit Beendigung der ersten Reihe bei der folgenden neu begonnen wird, als ob nichts vorangegangen sei; und daß nicht etwa die letzte Zahl der einen Reihe zu der ersten der folgenden addiert wird. Endlich kommt die Anweisung für die Zeitmarken (nach Glockenschlag in Verbindung mit dem Zuruf „Strich!" seitens des Versuchsleiters): an der betreffenden Stelle ist ein Querstrich (ähnlich dem Gedankenstrich) anzubringen, jedoch soll keine Addition übersprungen werden. Daß der Zeitstrich unter gar keinen Umständen ausfallen darf, wird eingeschärft. Damit ist der erste Teil der Anweisung beendet.

Es folgt der zweite wichtigere. Das Addieren ist als solches seit dem ersten Schuljahr bekannt und gekonnt, es liegt wohl allgemein Höchstübung mit Bezug auf das eigentliche Rechnen vor. Eine eigentliche Aufgabe ist in der Lösung solcher Rechnungen also nicht zu sehen. Sie besteht vielmehr in der *Höchstleistung*, die unter *Anspannung aller Kräfte* möglich ist. *Das ist der Sinn des Versuches*, entsprechend etwa einer Rekordleistung im Sport. Dies muß der Vp. nachdrücklichst eingeschärft werden: sie hat einen diesbezüglichen *festen Entschluß* zu fassen. Diese innere Bedingung ist die eigentliche Versuchsbedingung. Das darf über den Äußerlichkeiten durchaus nicht übersehen werden. Keinerlei Pause oder Ablenkung darf die Vp. sich erlauben. Alles ordnet sich diesem *einen* Gesichtspunkt unter. Schönschreiben gibt es nicht, wenn die Zahlen nur leserlich sind. Ebenso unterbleibt Nachrechnen, richtiges Rechnen als selbstverständlich vorausgesetzt. Alles, was sonst die Leistung beeinträchtigen könnte, ist zu vermeiden: vor sich hinsprechen, d. h. laut rechnen, sprechen in jeder Form (Fragen), unbequemer Sitz und entsprechende Haltung oder unzweckmäßige Lage des Arbeitsmaterials. Danach wird die Anweisung kurz und eindringlich wiederholt. Auf Tonfall und Sprechweise (laut, deutlich, langsam) ist zu achten. Es kommt darauf an, die Teilnehmer wirklich zu packen. Wenn das nicht gelingt, ist der Zweck des Versuches verfehlt. Eine entsprechende Erfahrung und Begabung muß der Leiter des Versuches besitzen. Sicherheit des

Auftretens, gute Vorbereitung (an Hand eines Merkzettels), vorheriges Proben, endlich die Beobachtung der Teilnehmer können von Nutzen bzw. unentbehrlich sein. Jede Hemmung muß ausgeschaltet, so die naheliegende Frage nach der Dauer bereinigt werden; entweder durch eine entsprechende Angabe oder, wenn gerade sie vermieden werden soll, durch passende Auskunft: es würde einfach gerechnet bis zum Befehl „Halt!", nicht eher dürfe aufgehört werden. Der Zeitpunkt bleibe offen und hänge allein vom Versuchsleiter ab: festes Drauflosrechnen sei die gegebene Einstellung. Sodann: Falls jemand eine unvorhergesehene Störung erleide, habe er sich ruhig zu verhalten und das Ende abzuwarten, nichts zu sagen oder zu fragen oder sonstwie aufzufallen. Schließlich sollen alle Antriebe zur Arbeit und Höchstleistung ausgenützt werden, die im Bereich des Möglichen liegen. Dazu zählen – je nach den Teilnehmern – Preise für die besten Leistungen (Geld, Süßigkeiten usw.). Der Hinweis auf die Bedeutung des Versuches ist verschieden zu begründen, je nach den Umständen. Der Ausfall sei wesentlich für den Betreffenden oder für sonstige (wissenschaftliche) Zwecke usw. Kurz, eine *Ernstsituation* ist zu schaffen. Die Anweisung findet ihren Abschluß durch die Erläuterung des Versuchsbeginns. Er erfolgt mit dem nächsten Glockenschlag einer 3-Minuten-Uhr und dem gleichzeitigen Zuruf „Addieren!". Etwa 5–10 Sekunden vorher wird aufgefordert, sich fertigzumachen, d.h. den Bleistift in die Hand zu nehmen, an der betreffenden Stelle anzusetzen – jedoch ohne zu schreiben – und in Erwartung des Beginns zu bleiben. Es handelt sich also um zwei Signale: ein allgemeines Vorsignal und ein eigentliches oder Hauptsignal.

Endlich darf eines nie vergessen werden: Vor Versuchsbeginn und nach Abschluß der Anweisung ist ausdrücklich Gelegenheit zum Fragen zu geben: ob etwas unklar sei usw., später sei jede Frage verboten, jetzt aber erlaubt bzw. erwünscht.

Soweit die Anweisung zum Arbeitsversuch. Nun die Aufgabe des Leiters während des Versuches. Das erste ist die Sicherung des Versuchsablaufes durch einwandfreie Kommandos (Los!, Strich!, Halt!) im rechten Augenblick und im geeigneten Ton. Selbst kleinste Fehler bedeuten eine Störung bzw. Ablenkung der Teilnehmer.

Besondere Aufmerksamkeit verdient das Umblättern der Bogen. Findet es kurz nach der ersten halben Stunde oder gar vorher statt, so ist mit der Überschreitung der verfügbaren 4000 Additionen zu rechnen; damit entsteht das Bedürfnis nach einem zweiten Bogen, der im entscheidenden Augenblick dem Betreffenden unauffällig und rechtzeitig vorgelegt werden muß. Die Gefahr einer Störung der betreffenden Arbeit wie aller übrigen Vpn. ist gerade bei dieser Gelegenheit gegeben. (Bei Wiederholungsversuchen sind grundsätzlich 2 Bögen von vornherein der Vp. zur Verfügung zu stellen.)

Das Nächste ist die Überwachung der Teilnehmer. Ein Blick genügt, um festzustellen, daß jeder auf sein Blatt sieht, also tatsächlich schreibt und keine Pausen eintreten läßt oder gar vom Versuch völlig abspringt, ein vereinzeltes Vorkommen. Darüber hinaus handelt es sich um eine *Verhaltensbeobachtung* im engeren Sinne, die willkürliche und unwillkürliche Bewegungen erfaßt. In Betracht kommen erfahrungsgemäß hauptsächlich folgende Erscheinungen, die unschwer gedeutet werden können:

Wegschauen von der Arbeit entweder nach dem Nachbarn oder anderweit, zur Decke usw.,

auffallende Änderung der Körperhaltung, starkes Zurücklehnen (vorübergehend),

eigenartige regelmäßige Neben- und Begleitbewegungen (manchmal bei jeder Rechnung), Wippen mit Kopf und Rumpf,

Atmungsänderungen: Aufatmen, Seufzen, Räuspern in charakteristischer Form: kurz, alle Formen der Unruhe.

Besonders ist auf den Zeitpunkt dieser Verhaltensweisen zu achten. Sie treten vorzugsweise gegen Ende des Versuches auf, ferner gelegentlich der Zeitzeichen, erscheinen als Antwort darauf bzw. lassen auf gewisse Spannungen schließen.

Die Verhaltensbeobachtungen sind zu protokollieren (am zweckmäßigsten durch Eintrag in ein Sitzplatzschema), und in besonderen Fällen filmisch festzuhalten.

Der Platz des Leiters soll im Rücken der Teilnehmer sein. Er selbst wirkt dann nicht ablenkend: die Versuchung, nach ihm zu schauen, ist groß. Er kann überdies so unauffällig seinen Platz (Standort) ändern, wenn es angezeigt erscheint (Gummisohlen). Unter Umständen ist ein zweiter Versuchsleiter nötig.

Der Versuch findet seinen Abschluß in der *rückschauenden Selbstbeobachtung oder Selbstbeurteilung*, die im Anschluß an vier Fragen durchgeführt wird:

1. Ist die Höchstleistung wirklich hergegeben worden? Oder besteht der Eindruck, man hätte bei gutem Willen mehr leisten können? Gegebenenfalls Gründe für Nichterfüllung der eigentlichen Aufgabe.
2. War die Arbeit anstrengend? (Unter den drei Stufen – kaum, mäßig, sehr – ist zu wählen.)
3. War das Rechnen als solches genehm oder unangenehm oder keines von beiden?
4. War die Arbeit mit anderen zusammen genehm oder nicht oder war dieser Umstand ohne Einfluß?

Ferner kommen bei dieser Gelegenheit die beiden allgemeinen Fragen zur Sprache:
1. nach dem Befinden und
2. nach vorangegangener Arbeit.

Die Befragung selbst geht zwar in der angegebenen Weise vor sich (s. auch den Vordruck); dennoch kann sie durch die Art der Beantwortung ihre ursprüngliche Einfachheit verlieren. In vielen Fällen gehen die Aussagen über das Verlangte hinaus und liefern unter Umständen wertvolle Anhaltspunkte bezüglich der inneren Haltung. Man wird sich also hüten, starr an diesem Rahmen festzuhalten. Im Gegenteil, gerade bei dieser Gelegenheit bieten sich dem geschulten Psychologen ergiebige Möglichkeiten. Sie können in doppelter Form ausgenutzt werden: durch weitere Aussprache im Anschluß an die schriftlichen Angaben oder durch planmäßige Erweiterung der letzteren in Gestalt eines vervollständigenden zusammenhängenden Berichtes (eines Aufsatzes bei Schülern z. B.). Was die Einstellung zum Versuch angeht, so kann gerade auf diesem Wege das Bild abgerundet werden.

Es empfiehlt sich weiter, zwischen Versuchsende und Befragung eine Pause von einigen Minuten einzuschieben, schon um spontane, charakteristische Äußerungen zu ermöglichen (Ergänzung des Protokolles). Endlich zeigen gewisse Verhaltensweisen nach dem Versuch dessen psychische Auswirkungen im weiteren Sinne und werfen damit Licht auf die Eigenart der Arbeit. Es hat sich z. B. bei Jugendlichen von 13–14 Jahren herausgestellt, daß sie nach dem Versuch für weitere Beanspruchung (Unterricht) nicht mehr zu haben waren. Diese Tatsache ist höchst bezeichnend; denn sie beweist einen beträchtlichen Grad von Anstrengung und demnach Ermüdung, jedenfalls über das Gewohnte hinaus.

Entsprechende Erfahrungen, wenn auch nicht ganz so ausgeprägt, liegen bei Erwachsenen vor.

Mit diesem Befund stimmt ein anderer überein, der durch ein geeignetes unwissentliches Vorgehen zutage gefördert worden ist. In einer Schulklasse, die den Versuch bereits gemacht hatte, wurde anderntags der gleiche Versuch vorbereitet, so daß die Schüler morgens beim Betreten des Zimmers den bekannten Anblick der mit Bogen belegten Tische und damit den Eindruck eines abermaligen Versuches hatten. Sie wußten nicht, daß entgegen der Gewohnheit der Lehrer bereits anwesend war, und zwar versteckt hinter der Tafel, um die freien und ganz unverfälschten Äußerungen zu erfahren, die sich bei dieser Gelegenheit einstellten. Das Ergebnis war eindeutig: es wurde geschimpft, und zwar in den stärksten Ausdrücken; und das trotz der ausgesetzten Schokoladepreise. Der Fall ist erwähnt, weil die Feststellung verallgemeinerungsfähig ist.

Soviel von der Durchführung des Arbeitsversuches im Sinne einer vollen Ausschöpfung der darin steckenden Möglichkeiten. Keine Aufzählung, Beschreibung und keine Hinweise machen sie indessen schon fruchtbar und wirksam. Dazu gehört mehr als gründliche Kenntnis dessen, worum es sich handelt: es gehört dazu auch die tatsächliche und wiederholte Erprobung, endlich Blick und Geschick für andere Menschen, für deren Beeinflussung in Richtung eines planmäßig gestalteten seelischen Geschehens.

Variationen:

a) Die Spalten sind von unten nach oben zu rechnen, die Zeitsignale werden dabei nach jeder Minute gegeben und jedesmal ist eine neue Spalte zu beginnen.

Ergebnis: 60-Minuten-Teilleistungen, die sich auf 20 3-Minuten-Teilleistungen mitteln lassen.

Vorteil: kurze Auswertung möglich; der Kurvenverlauf wird durch Verbindung der gemittelten senkrechten Reihen bereits auf dem Rechenbogen eingetragen.

b) DIN-A 4-Bogen (nach R. BOCHOW) anstelle des Rechenbogens (nach PAULI).

c) Ein von der Firma Bruno Zak, Simbach/Inn, entwickeltes Arbeits-Testgerät ermöglicht eine maschinelle Handhabung des Pauli-Tests.

Auf einem kleinen Bildschirm erscheinen 2 zu addierende Ziffern in zufälliger Reihenfolge. Die Vp. hat dabei die entsprechende Summentaste zu drücken. Die Wahl eines Intervallabstandes von 1–5 Minuten ist möglich. Das Protokoll ergibt die Teilzeitleistungen sowie Fehler und Verbesserungen.

d) Der Continuous-Coded-Additions-Test von REUNING (National-Institute for Personnel Research in Johannesburg, Südafrika) ist für lesekundige, aber schreibungewandte Vpn. geeignet.

e) Für Analphabeten entwickelte REUNING den Dots-Addition-Test.

Testvariationen nach REUNING

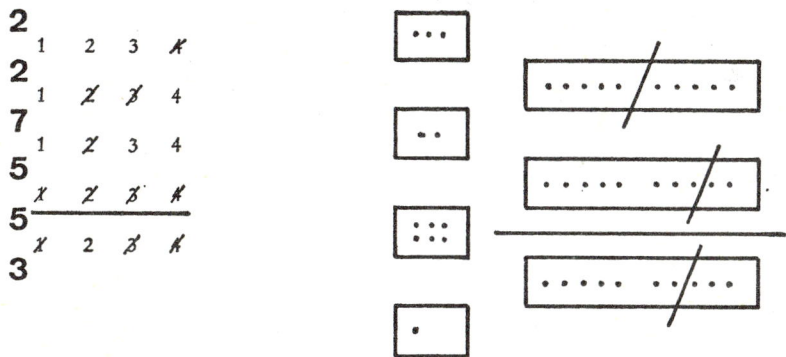

Continuous-Coded-Additions-Test   Dots-Addition-Test (für Analphabeten)

Für diese und andere Arbeitstests verwendet REUNING ein Auswertungsschema (Score Sheet for Continuous Work Test), in dem die Periodensummen als X und die dazugehörigen Teilsummen als Y bezeichnet sind. Die *Qualität* wird gekennzeichnet durch die Promille-Zahlen der Fehler (E) und Verbesserungen (C). Die Genauigkeit (Accuracy) errechnet sich nach der Formel $[3 - \log(1 + E\,^0/_{00})] \cdot 100$, die Sorgfältigkeit (Neatness) nach der Formel $[3 - \log(1 - C\,^0/_{00})] \cdot 100$.

Die *Quantität* wird aufgeschlüsselt nach Gesamtsummen- und Teilsummenmittel, Maximum, Minimum, Periodenzahl des Anfangsabfalls.

Die Steighöhe ergibt sich aus der Steigung der angemessensten Geraden, d. h. der Regressionslinie von Y auf X, die nach der Methode der kleinsten Quadrate gefunden wird. Geradengleichung: $B = k + mX$, wobei

$$m = \frac{N \Sigma XY - \Sigma X \Sigma Y}{N \Sigma X^2 - (\Sigma X)^2}$$

$$k = \frac{\Sigma X^2 \Sigma Y - \Sigma X \Sigma XY}{N \Sigma X^2 - (\Sigma X)^2}$$

Für N = 20 Teilzeiten: $k = \dfrac{2870 \, \Sigma Y - 210 \, \Sigma XY}{13300}$

$m = \dfrac{20 \, \Sigma XY - 210 \, \Sigma Y}{13300}$

Außerdem werden Kurvenverlauf und Schwankung berechnet.
(Genaue Angaben sind zu finden in: H. REUNING, Test Administrator's Manual for Continuous Letter Checking – National Institute for Personnel Research 189, Johannesburg.)

Die Auswertung

Bevor im abgeschlossenen Rechenbogen Einzelheiten festgestellt werden, ist die Arbeit – ähnlich dem Schriftbild in der Graphologie – als Gesamteindruck nach folgenden Gesichtspunkten zu prüfen:

1. Überspringen ganzer Reihen.
2. Auslassung einzelner Additionen (s. besonders bei Zeitmarken!).

Die Feststellung von Auslassungen, an sich bedeutsam, ist wichtig für die folgende zahlenmäßige Auswertung.

3. Vorkommen zweistelliger Summen.
4. Abschätzung der Verbesserungen: viele oder wenig:
5. Das Schriftbild im ganzen, seine Gleichmäßigkeit, Sauberkeit, Angepaßtheit an die Raumverhältnisse, dazu sonstige Merkmale, z. B. Schriftdruck, Gleichförmigkeit usw.

Zunächst sei auf verschiedene Hilfsmittel für die Auswertung hingewiesen. Zwei davon sind vielfach schon vorhanden, jedenfalls allgemein verwendbar: Ein einfacher Rechenschieber und eine entsprechende Rechen- bzw. Additionsmaschine. Dazu kommen *Vordrucke*, die alles auf den Versuch und sein Ergebnis Bezügliche übersichtlich geordnet enthalten; sodann ein eigenes *Auswertungsgerät*, um Auszählungen zu vermeiden. (Siehe Merkblatt für den Arbeitsversuch in Anhang und Abb. 1, 2 und 4).

Folgende Zeichen haben sich als Auswertungshilfen zweckmäßig erwiesen:

Fehler = — (rot)
Nummer der Teilzeit = O
Lücke = L
Verbesserung = + (rot)

$$\text{Schwankungsprozent} = \frac{\text{mittl. Schwankung pro 3 Min. Teilzeit} \cdot 100}{\text{mittl. Additionsleistung pro 3 Min. Teilzeit}}$$

ersetzbar durch Teilzeitstreuung sowie durch Rohwert (BARTENWERFER 1968)

$$\text{Fehlerprozent} = \frac{\text{absolute Fehlerzahl} \cdot 100}{\text{Summe der Additionsleistung}}$$

$$\text{Verbesserungsprozent} = \frac{\text{absolute Verbesserungszahl} \cdot 100}{\text{Summe der Additionsleistung}}$$

Genauigkeitsindex (nach HAHN):

$$\frac{(\text{absolute Fehlerzahl} + \text{absolute Lückenzahl}) \cdot 100}{\text{Summe der richtigen Additionen}}$$

Weitere Prozentrechnungen lohnen erfahrungsgemäß nicht (vgl. hierzu auch ACHTNICH).

Das Ergebnis eines Arbeitsversuches ist unter drei Gesichtspunkten zu betrachten, die für die Auswertung maßgebend sind: *Menge, Güte und Verlauf der Leistung.*

1) Von diesen ist die *Anzahl der Additionen* am wichtigsten. Der genormte Rechenbogen ermöglicht, gerade sie in kürzester Zeit zu ermitteln. Eine Seite umfaßt 2000 Additionen: demnach läßt sich die Größenordnung der Leistung sofort ausmachen. Man wird vor allem sehen, ob die erste Seite bewältigt ist oder nicht: eine wichtige Norm. Abweichungen davon lassen sich unschwer abschätzen. Jede ausgefüllte Reihe bedeutet 50 Additionen, zwei also 100. Die genaue Ermittlung der Menge erfordert die Zählung der durchgerechneten Reihen über die erste Seite hinaus bzw. der leergebliebenen auf dieser Seite. Dazu kommen die Additionen der letzten unvollständigen Reihe: ihre Auszählung wird durch eine Ablesung ersetzt. Es bedarf dazu des Auswertungsgerätes (Abb. 1): auf ein Holzbrett vom gleichen Format wie der Rechenbogen wird dieser aufgelegt bzw. unter der oberen Metalleiste eingeschoben. Eine Numerierung auf letzterer gibt die Additionen in Hunderten fortlaufend an. Die längs den Reihen verschiebbare Schiene (Dreikant) trägt eine Bezifferung gemäß den einzelnen Zahlabständen und erlaubt die erwähnte Schlußablesung. Mit ihr steht die genaue Gesamtsumme fest.

Angenommen, es ergeben sich bei einem gebildeten Erwachsenen 3573 Additionen (s. Abb. 4), dann trägt man diesen Befund in einen Vordruck ein (dem Auswertungsgerät beigegeben; s. Abb. 1). Bei dieser Gelegenheit wird sofort ein Schritt weitergegangen und das Ergebnis gewertet. Das Formular sieht dafür drei Stufen vor (normal, unter- und übernormal) und bringt sie zum Ausdruck durch die Höhenlage der Eintragung. Kommt sie in den Strich hinein, so bedeutet das Normgemäßheit. Kleinere Mengen werden unterhalb des Normstriches geschrieben, größere entsprechend darüber (wie im vorliegenden Fall). Die Bewertung erfolgt nicht einfach in proportionalem Sinne; an den Grenzen des Normalen sind die Befunde gewichtiger.

Eine weitere Kennzeichnung der Leistungsgröße wird in Verbindung mit der jeweils kleinsten Dreiminutenleistung vorgenommen[1]. Es ergeben sich dann vier Stufen, die ihrerseits mit dem Alters- bzw. Entwicklungsstande zusammenhängen und dementsprechende Aufschlüsse geben. Wird die Zahl 50 unterschritten, so handelt es sich um eine ausgesprochen *kindliche* Leistung; diese bewegt sich zwischen 0 und 100 Additionen in 3 Minuten und zeigt insbesondere den erwähnten Grenzwert (<50). Die nächste Stufe – für *Jugendliche* – ist auf den Bereich von 50–150 berechnet, während *Erwachsene* den Umfang von 100–200 Additionen aufweisen, immer bezogen auf Dreiminutenleistungen. Daran schließen sich als vereinzelte Fälle die *außergewöhnlichen* Leistungen, die sich in Grenzen 150–250 Additionen bewegen. Um die vier Hauptstufen sicher auseinanderzuhalten und die Größenordnung nach dieser Richtung auf den ersten Blick zu erkennen, werden die Vordrucke in vier verschiedenen Farben verwendet (vgl. Zusammenstellung).

Zusammenstellung

Farbe des Vordruckes	Kleinste Teilleistung (in Additionen)	Ordinatenbeginn	Bereich der Teilleistungen (in Additionen)	Leistungsstufe	Ausfüllung des Bogens (angenähert)	Gesamtmenge (angenähert)
Rotbraun	< 50	0	0—100	Kindlich	< 1. Seite	< 2000
Grün	< 100	50	50—150	Jugendlich	> 1. „	> 2000
Blau	> 100	100	100—200	Erwachsen	~ 1½. „	~ 3000
Grau	> 150	150	150—250	Außergewöhnlich	~ 2. „	~ 4000

(In dem abgebildeten Vordruck, s. Abb. 4, ist der Bereich der Teilleistungen aus Gründen der Raumersparnis anders, d.h. verkürzt angegeben: mit 110 statt 100 beginnend.)

Maßgebend für die Wahl des Vordruckes und seiner Farbe ist der Ordinatenbeginn entsprechend der kleinsten Teilleistung. Die Farbe ist also zunächst bezeichnend für den Tiefpunkt der Leistung im Arbeitsverlauf

---

[1] Bei Reuning (S. 60f.) ergeben die Interkorrelationen der 20 Ausgangsvariablen (Teilleistungen) zwischen den Teilzeiten 1 und 2 den Wert 0,871, zwischen den Teilzeiten 6 und 7 den Wert 0,966.
Unabhängig davon wurden bei Untersuchungen in Nordbayern Interkorrelationen gleicher Größenordnung gewonnen (s. Tab. 22).

und damit allerdings auch für die Gesamtsumme selbst. Denn die fragliche Mindestleistung steht erfahrungsgemäß in einem bestimmten Zusammenhang mit ihr. Sie liegt weiterhin am Anfang des Verlaufes (meist 2. oder 3. Teilzeit).

Ein Zwang zur Verwendung verschiedener Farben besteht nicht, da jeder Vordruck alle vier Ordinatenanfänge – 0, 50, 100, 150 – vorsieht. Bei größerem verschiedenartigem Material allerdings bedeuten sie ein nicht zu unterschätzendes Hilfsmittel für die Bearbeitung und Übersicht.

2) Nicht so einfach wie die Summe der Additionen ist die *Güte der Arbeit*, die Häufigkeit bzw. der Prozentsatz der Fehlleistungen zu ermitteln: der *Rechenfehler* (kurz: Fehler) sowie der *Verbesserungen*. Um das Nachrechnen des Ganzen zu vermeiden, wird ein Näherungsverfahren angewandt, das sich auf die weitgehend gleichmäßige Verteilung der Fehlleistungen stützt. 400 Additionen (8 Reihen) werden als Stichprobe verwandt, und zwar die *13. bis 20. Reihe*, da zu Beginn weniger Versehen vorkommen. Die Prüfung selbst geschieht rasch durch bloßen Vergleich der schriftlichen mit entsprechend gedruckten Ergebnissen, an Hand von Probestreifen (dem Auswertungsgerät beigegeben). Dieses Vorgehen gilt für die Rechenfehler, deren jeder mit einem roten Strich zwecks Abzählung versehen wird. Die Verbesserungen, als solche ohne weiteres erkennbar, sind durch ein rotes Kreuz zu bezeichnen und in gleicher Weise gesondert auszuwerten.

Ist erhöhte Sicherheit geboten, so wird eine zweite Stichprobe an 100 Additionen vorgenommen *(39. bis 40. Reihe)*. Im übrigen kann man mit ½ % unterer und oberer Abweichung rechnen: eine hinreichende Genauigkeit, da es in diesem Falle nicht so sehr auf einen bestimmten Zahlenwert als vielmehr auf die Größenordnung ankommt. (Eintragung in den Vordruck unter Kennzeichnung der Normgemäßheit.) Gegebenenfalls sind Fehlleistungen zweiter Ordnung – zweistellige Summen, ferner Auslassung von einzelnen Rechnungen oder auch Überspringen von ganzen Reihen – mit zu berücksichtigen. Ihr Vorkommen ist im allgemeinen selten.

Mit diesen Feststellungen ist der erste Teil der Auswertung abgeschlossen; er ermöglicht eine allgemeine Charakteristik der Arbeitsleistung.

3) Der zweite Teil liefert die feinere Symptomatik und betrifft den *Verlauf der Arbeit*, also den Leistungsweg im Gegensatz zum Leistungserfolg. Es handelt sich um die Arbeitskurve, genauer um die Mengenkurve;

denn die Teilzeiten (3 Minuten) bleiben sich dabei gleich, nur die zugehörige Anzahl der Additionen wechselt. Um die 20 Teilsummen, auf denen sich die Kurve aufbaut, rasch und sicher zu ermitteln, bedient man sich des Auswertungsgerätes mit seinem von links nach rechts verschiebbaren Dreikant, dazu eines Schemas für die Grundzusammenstellung (s. Vordruck, Abb. 4). Für jeden Dreiminutenwert sind 4 Fächer vorgesehen: 3 für Bruchteile der betreffenden Summe und eines, das unterste, für diese selbst. Jede Dreiminutenleistung setzt sich im allgemeinen aus 3 Einzelbeträgen zusammen, wie das Beispiel der zweiten Teilleistung zeigen soll. Die erste Zeitmarke liegt in der vierten Reihe bei der 14. Addition von oben.

Der Rest dieser angefangenen Reihe beläuft sich demnach auf:	36 Additionen (1)
Dazu kommen zwei ausgefüllte Reihen:	100 Additionen (2)
Es folgt eine angebrochene Reihe mit	24 Additionen (3)
2. Teilleistung:	160 Additionen

In der angegebenen Form wird der ganze Rechenbogen durchgearbeitet unter fortlaufender Verschiebung des Dreikants, so daß am Schluß die Zusammenstellung die erforderlichen 20 Teilsummen aufweist. Will man ganz sicher gehen, daß sich keinerlei Irrtum eingeschlichen hat, so zählt man die 20 Zahlen zusammen, am besten mittels einer Rechenmaschine: es muß sich dann die zuvor ermittelte Gesamtsumme ergeben.

Die Kurve läßt sich nunmehr leicht erstellen, weil genau oberhalb jeder Teilsumme der zugehörige Punkt der Abszissenachse gelegen ist. Zu achten ist lediglich darauf, daß alle Teilsummen gleich oder größer sind als der gewählte Ausgangswert der Ordinate (0, 50, 100 und 150). Die einzelnen Kurvenpunkte, sorgfältig und kräftig gezeichnet (in der Dicke eines Stecknadelkopfes), werden geradlinig verbunden durch ausgezogenen Bleistiftstrich. Dem Kundigen sagt das anschauliche Kurvenbild bereits viel, auch in seinen Einzelheiten, darin ähnlich dem Schriftbild.

Zur genaueren Kennzeichnung des Verlaufes, dessen Eigentümlichkeiten niemals vollständig zahlenmäßig darzustellen sind, bedient man sich herkömmlicherweise dreier Maßstäbe: der Steighöhe, der Gipfellage und der Schwankung. Die beiden ersten Merkmale beziehen sich auf den Arbeitsgang im großen ganzen, wie er durch die Phasen, d.h. die auf-

und absteigenden Verlaufsrichtungen, gegeben ist. Erfahrungsgemäß sind es deren 3 bzw. 4:

1. Ein kurzdauernder Anfangsabfall: Phase 1
2. Anstieg, erst stark: Phase 2
3. Dann abgeschwächt: Phase 3
4. Ein längerer schwacher Abfall: Phase 4

Das Wesentliche an der Kurve ist der Gipfelpunkt; wird seine Ausprägung und Lage bestimmt, so bedeutet das eine Kennzeichnung des Verlaufes im allgemeinen. Die *Steighöhe* ist gleich dem *Abstand von der niedrigsten und höchsten Teilleistung*, ausgedrückt in Additionen, z.B. 41. Diese Zahl genügt. (Vgl. den Vordruck, der auch einen relativen Maßstab vorsieht.) *Die Gipfellage* wird durch die *Ordnungszahl der zugehörigen Teilzeit* bestimmt, z.B. die 13. Eine Schwierigkeit entsteht in vereinzelten Fällen beim Vorhandensein zweier gleicher Werte. Man legt zweckmäßig den ersten zugrunde, sofern man sich nicht für das Mittel aus beiden entscheidet. Der Wert solcher Bestimmungen ist wegen der unvermeidlichen Unsicherheit herabgesetzt und deshalb im Vordruck einzuklammern. Im übrigen erlaubt die ausgeglichene Kurve unzweideutige Entscheidungen, in welcher Richtung die Höchstleistung zu suchen ist. Auch bei abnormalem Verlauf der Kurve kann die Lage des eigentlichen Gipfelpunktes zweifelhaft werden. Alle unklaren Fälle sind als atypisch den typischen (entsprechend der Mittelwertkurve) gegenüberzustellen und durch Einklammerung des Wertes zu kennzeichnen. Es bleibt nur mehr die Ermittlung der *Schwankung*; gemeint sind die *Höhenunterschiede im Verlaufe, die von Teilzeit zu Teilzeit auftreten* und das Kurvenbild neben den Phasen bestimmen. Man kann sagen: die Phasenschwankung wird überlagert von einer Kurzschwankung. Deren genauere zahlenmäßige Bestimmung setzt einen Kurvenverlauf voraus, der frei von solchen Schwankungen ist. Man erhält ihn durch wiederholte *Ausgleichung der Ausgangskurve* (s. Abb. 4). Zunächst wird das arithmetische Mittel je zweier aufeinanderfolgender Punktwerte graphisch bestimmt, indem die Halbierungsstelle ihrer Verbindungslinie, kenntlich an der 5-mm-Linie, durch Ringe (zum Unterschied von den Punkten) bezeichnet wird. So verfährt man mit dem ersten und zweiten Punkt, dann mit dem dritten und vierten usw., bis die Ausgleichung ganz durchgeführt ist. Ist das fehlerfrei geschehen, so müssen 10 Ringe gleichmäßig in Abständen von 2 cm über das Gesamtsystem verteilt sein. Ein häufiges Versehen besteht in der Wahl zweier nicht zusammengehöriger Ausgangspunkte, z.B. des zweiten und dritten oder des vierten und fünften.

Die so gewonnene erste Ausgleichung dient lediglich als Vorstufe für die zweite. Unter diesen Umständen wird sie nicht vollständig ausgezogen; vielmehr werden nur die Verbindungen – durch dünne Linien – hergestellt, die für die Auffindung der neuen Mittel erforderlich sind. Man verbindet also nur den ersten mit dem zweiten Ring und bezeichnet zugleich die Mitte dieser Linie mit einem Kreuz (in Abb. 4 nicht mitgezeichnet). In gleicher Weise verfährt man mit den vier verbleibenden Ringpaaren. Die 5 Kreuze, die sich so ergeben, werden durch rote Striche verbunden: dadurch hebt sich die zweite endgültige Ausgleichung deutlich von der übrigen Zeichnung ab und stellt den vereinfachten, von allen Schwankungen befreiten Kurvenverlauf dar.

Die *mittlere Abweichung der empirischen Punkte von dieser Grundkurve* liefert – unabhängig vom Vorzeichen – den gesuchten Maßwert (in Additionen). 16 Zahlen sind entsprechend abzulesen bzw. durch Ausmessung zu gewinnen, wobei das Millimeterpapier unterstützend wirkt (Genauigkeit: ½ Addition bzw. ½ mm). Zweckmäßig verwendet man den kleinen, dem Auswertungsgerät beigegebenen Maßstab, der von Punkt zu Punkt verschoben wird, bei senkrechter Stellung der Kurve zum Beschauer. Daß hier nur 16 statt der ursprünglich 20 Werte in Betracht kommen, rührt von der Verkürzung der Kurve durch die Ausgleichung her (s. Abb. 4). Das arithmetische Mittel erhält doppeltes Vorzeichen im Hinblick auf das der Ausgangswerte (s. Vordruck). Ob die so ermittelte Schwankungsgröße als groß oder klein aufzufassen ist, hängt von der Gesamtmenge, d.h. von der mittleren Höhenlage bei Dreiminutenleistungen, ab. Um letztere zu bestimmen, teilt man die Summe der Additionen durch 20. Ist diese durchschnittliche Teilleistung bedeutend (gegen 200 Additionen), so sind $\pm$ 5 Additionen gering zu veranschlagen; ist sie dagegen mäßig, z.B. 90 Additionen, so ist ein solcher Betrag schon beträchtlich. Der errechnete Schwankungsbetrag wird demnach nicht absolut, sondern relativ genommen, d.h. auf die mittlere Teilleistung bezogen und in Prozent ausgedrückt (vgl. Vordruck). Statt des Schwankungsprozentes empfiehlt sich auch der absolute Rohwert, weil mittlere Rechner größere Schwankungen haben können als langsame und schnelle (BÄUMLER).

Der Verlauf der Arbeit läßt sich – abgesehen von Steighöhe, Gipfellage und Schwankung – einfacher und in gewisser Beziehung übersichtlicher durch die *ersten und zweiten Differenzen* der 3-Minuten-Teilleistungen veranschaulichen (s. Abb. 4). Insbesondere ist aus diesen Zahlenreihen die auf- oder absteigende Form der Kurve und die Größe dieser Steig- oder Fallform zu ersehen.

Der Gang der Arbeit – der *Leistungsweg* – beansprucht neben dem Leistungserfolg eine besondere Beachtung; er ist das charakterologisch bedeutsamste Symptom. Dementsprechend sind die drei Verlaufssymptome zu werten. Sie geben indessen immer nur einen Teil des Ganzen. Aber gerade der Gesamtverlauf, das Verhalten nach seiner typischen Eigenart, ist unentbehrlich für die Beurteilung der Arbeitskurve als eines charakterologischen Komplexes. Die doppelt ausgeglichene Kurve erlaubt nun eine einfache Kennzeichnung der typischen Verlaufsformen je nach Verlaufsrichtung der 4 Kurvenstücke in steigendem oder sinkendem Sinne. Rein mathematisch-theoretisch genommen läßt sich eine ganze Anzahl von Möglichkeiten bzw. Typen entwickeln, wie es u. a. REMPLEIN getan hat. In der Praxis gelangt indessen nur eine beschränkte Zahl zur Verwirklichung. An erster Stelle steht der ununterbrochene Aufstieg, wobei von dem von Abschnitt zu Abschnitt wechselnden Ausmaß hier abgesehen wird: entscheidend ist die Tatsache, daß die Leistung bis zuletzt eine Zunahme erfährt, jedenfalls keinen Schlußabfall aufweist. Symbol wäre für diesen Verlauf die schrägaufwärts steigende Linie (Typ I ◢). Dieser Verlaufstyp findet sich auch außerhalb des PT, so z. B. im Bourdon Test (vgl. Abb. 5). An zweiter Stelle steht die Form mit Gipfelpunkt, demnach also Schlußabfall, als häufigster Typ zugleich (Typ II ◣). Zuletzt ist der ununterbrochene Abfall zu erwähnen, die Umkehrung von Fall I (Typ III ◣). Wie erwähnt, ist Typ II am häufigsten; er stellt die Norm dar. Er erlaubt eine wichtige Unterteilung je nach Lage des Gipfelpunktes und damit der Dauer von ansteigendem bzw. abfallendem Teil. Der Normkurve entsprechen 3 aufsteigende Abschnitte, denen ein fallender folgt (IIa).

Nach ACHTNICH (S. 88) ergibt sich für den Kurvenverlauf folgende Verteilung:

ansteigend	51 %
vorwiegend ansteigend	11,5%
horizontal	11,0%

horizontal mit großen Schwankungen	15,0%
vorwiegend fallend	3,0%
fallend	8,5%

Die nächste Abart zeigt den Gipfel genau in der Mitte, mit zwei Kurvenstücken davor und ebenso vielen danach (II b ⋀). Endlich verlagert sich der Höhepunkt nach vorne: nach dem ersten Abschnitt beginnt der Abfall, der nunmehr drei Teile der Kurve umfaßt (II c ⋀). An diese wiederum schließt mit mathematischer Folgerichtigkeit Typ III an, also reiner Abfall, bzw. der Gipfel hat sich an den Anfang der Kurve verschoben. So sind alle gebräuchlichen Verlaufstypen klassifiziert und numeriert – I, IIa, IIb, IIc, III –, mit der Gipfellage als Einteilungsgrund. Sie verschiebt sich gleichmäßig von rechts nach links. In dieser Reihenfolge ist überdies eine Rangordnung eingeschlossen: mit steigender Zahl oder nächstem Buchstaben ist ein Absinken des Wertes – im allgemeinen wenigstens – ausgedrückt. I. Typ zeigt die höchsten, III. dagegen die geringsten Leistungen, dazwischen steht Typ II mit seinen Unterarten. (Dessen Unterarten folgen allerdings nicht der erwähnten Rangordnungsregel, sofern sich mit IIb bessere Leistungen verbinden als mit IIa, bei geringem Unterschied allerdings.) Die Statistik zeigt, daß Typ II in seinen verschiedenen Abarten bei weitem am häufigsten auftritt, mit etwa der Hälfte der Fälle, es folgt I mit einem Viertel. Vom verbleibenden Viertel aller Fälle kommt die Mehrzahl (bei Erwachsenen wenigstens) auf eine noch nicht erwähnte Verlaufsform zusammengesetzter Art: Gipfel + Wiederanstieg (⋀), gekennzeichnet durch besonders hohes Leistungsniveau. (Typ IV, um diese Ausnahmestellung zu kennzeichnen.)

Bei der Auswertung der Arbeitskurve wird man demgemäß stets auch den Verlaufstyp mit angeben und als wichtiges Symptom berücksichtigen. Die kurzen Bezeichnungen in Gestalt römischer Ziffern in Verbindung mit Buchstabenindizes sagen dem Kundigen viel, liefern ihm eine Art Formniveau. Und diese Angaben sind noch einer weiteren Verfeinerung fähig, sofern man dabei das Ausmaß, die Ausprägung der Gesamtkurvengestalt angeben kann. Starker Anstieg (Abfall) oder deutliche Gipfelbildung wird durch Unterstreichung angedeutet, z.B. „Typ I" will steilen Anstieg besagen. Undeutliche Ausprägung der typischen Verlaufsform läßt sich durch das Zeichen für merkliche Gleichheit ∼ darstellen. Typ ∼ I heißt also, daß der angegebene gradlinige Anstieg zwar dem tatsächlichen Verlauf entspricht, diese Besonderheit jedoch nicht stark hervortritt. Ein Blick auf die Steighöhe ist in den so gekennzeichneten Fällen am Platz. So oder anders: Die vollständige Auswertung der Arbeitskurve erfordert deren jedesmalige Einreihung in die Verlaufstypen.

Die Vielheit der Symptome und Zahlangaben macht mitunter eine Zusammenfassung erforderlich: im Sinne der kürzesten Umschreibung der Ergebnisse. Das ist besonders der Fall, wenn die Vergleichbarkeit bei verschiedener Altersstufe und Gruppenzugehörigkeit in Frage kommt, z.B. von einem 11jährigen Mittelschüler mit einer 20jährigen Studentin. Man bedient sich dann des *Leistungsquotienten* (LQ), der, wie der Name sagt, dem Intelligenzquotienten entspricht und die Leistung nicht für sich, sondern in Beziehung auf eine Norm darstellt:

$$LQ = \frac{I \text{ (Individuelle Menge)}}{A \text{ (Altersnormmenge)}} \begin{matrix}>\\<\end{matrix} = 1{,}00.$$

Ein echter Bruch drückt einen Rückstand hinter der Norm aus, während jeder 1,00 überschreitende Wert auf Überwertigkeit hinweist. Auch bei dieser Berechnungsweise wird der Normbereich berücksichtigt, d.h. auf den neuen Zahlausdruck umgerechnet. Beträgt die Normmenge 2650 Additionen, der Bereich aber 2350 bis 3000 Additionen, so heißt das m.a.W., ein LQ in Grenzen von 0,9–1,1 wäre als normal zu betrachten. In solchen Fällen ist ein Zusatz angezeigt, der die Richtung der Abweichung andeutet: wie knapp-normal oder gut-normal.

Der Leistungsquotient bezieht sich auf die Menge der Additionen. Er bedarf daher einer Vervollständigung durch Kennzeichnung von *Güte* und *Verlauf der Leistung* in Gestalt entsprechender Indizes (G, V). Zu dem Zweck werden die beiden Symptome bzw. Symptomkomplexe dreifach abgestuft im Sinne von *normal, unter- und überwertig*. Der Ausdruck der Stufe geschieht – wie im Vordruck – durch die Höhenlage der Indizes (über, unter, im Strich). Gleiche Ebene wie der Leistungsquotient bedeutet normal, darunter und darüber die beiden anderen Stufen. Die *Güte* wird durch den Index G, der Verlauf durch V ausgedrückt.

Eine weitere Verfeinerung des Ausdrucks im Sinne einer Unterscheidung von kleiner oder großer Abweichung von der Norm ist durch Einführung kleiner und großer Schreibweise der Indizes ermöglicht (g, G, v, V), wobei g mäßig, G stark bedeutet; v, V entsprechend. Die Wertung erhält so fünf Stufen, im Gegensatz zu den ursprünglichen drei.

Aus dem ursprünglichen einfachen Leistungsquotienten entsteht so der *qualifizierte* LQ als knappster Ausdruck aller Ergebnisse.

Ein Beispiel verdeutlicht das Ganze: $0{,}95^G_V$ besagt: bei etwas herabgesetzter Mengenleistung ist ausgesprochene Güte vorhanden, während der Verlauf den Anforderungen nicht ganz entspricht. Trifft für die Indizes der Normfall zu, so bleiben sie am besten ganz weg; 0,95 drückt also durchschnittliche Güte und ebensolchen Verlauf aus.

Was schließlich die Bewertung von Güte und Verlauf in der angegebenen Form betrifft, so liegen ihr zwar eindeutige Zahlwerte zugrunde. Doch sind es mehrere – bei der Güte zwei, beim Verlauf drei bis vier –, so muß mit ihrer Verschiedenheit gerechnet werden. Es bedarf dann einer sinnvollen Zusammenfassung und Abschätzung, um die Einstufung richtig zu vollziehen. Als Richtschnur mag dafür dienen, daß man an der Normgemäßheit so lange festhalten wird, als nicht eindeutige Anhaltspunkte für das Gegenteil vorliegen.

Dies von der rechnerischen Auswertung und ihren Möglichkeiten.

Vorstehende Beschreibung führt leicht zur Auffassung, daß es sich hier um ein recht umständliches und zeitraubendes Verfahren handle, unbrauchbar für die Praxis. Dieser Eindruck entsteht vor allem durch die Erwähnung jeder Einzelheit, die im Hinblick auf Vollständigkeit nicht zu umgehen war. Wiederholte Durchführung und etwas Übung zeigen sofort, daß all dies doch in verhältnismäßig kurzer Zeit geleistet werden kann: 20 Minuten genügen im allgemeinen. Der Erfahrene wird selbst bald auf mancherlei Vereinfachung kommen, insbesondere entscheiden, ob jeweils alle Angaben erforderlich sind oder nicht. Die entscheidenden Gesichtspunkte sollen zur Sprache gebracht werden. Vom Auswertungsgerät und dem Vordruck ganz abgesehen, kann vor allen Dingen das Ganze durch eine zuverlässige Hilfskraft durchgeführt werden. Besonders vorteilhaft ist die Zusammenarbeit zweier Personen: eine besorgt die Ablesungen am Auswertungsgerät, die andere füllt nach Diktat die Grundtabelle aus. Während letztere die Kurve zeichnet, kann die andere – im Besitz des Rechenbogens – Fehler und Verbesserungsangaben erledigen.

Entscheidend aber ist die Vereinfachung, die durch bloße *Schätzung* an Stelle genauer Zahlenangaben herbeigeführt werden kann. Das ist an verschiedenen Stellen möglich. Es muß nur die Gefahr vermieden werden, daß dadurch die Sicherheit des Ganzen – ein Hauptvorzug des Arbeitsversuches – gefährdet wird. So bedarf es gewisser Richtlinien für die Zulässigkeit der Schätzung. Die *Best- und Schlechtauslese ist auf diesem Wege einwandfrei durchführbar,* und zwar bei jedem Symptom; vor allem gleich anfänglich bei der Menge der Additionen und dann gelegentlich der Schwankungsberechnung: die ausgesprochen kleine Schwankung und die entsprechend große geben sich dem geübten Blick ohne weiteres zu erkennen (in der Hälfte aller Fälle). Die Häufigkeit der Fehlleistungen kann abgeschätzt werden an den leicht überschaubaren Verbesserungen, die in ähnlicher Weise wie die Rechenfehler auftreten. Auf zwei Reihen soll etwa eine Fehlleistung kommen.

Sicher kann durch Schätzung *ein Drittel* der Arbeit erspart werden, so daß die oben angegebene Zeit auf etwa 15 Minuten und weniger zurückgeht. Bei allen Grenzfällen dagegen ist die eingehende und vollständige Auswertung anzuraten, so wie auch der Arzt bei schwierigen Fällen nicht einige, sondern alle Hilfsmittel zur Erkennung und Heilung der Krankheit berücksichtigt.

Abschließend sei bemerkt, daß der Verlauf der Arbeitskurve einen auffällig gleichartigen Charakter aufweist mit dem Normalverlauf der Schlaftiefe-Kurve (SKAWRAN); dabei ist für beide Kurvenarten der Anfangsabfall bezeichnend. Der Verlaufsgestalt der Arbeitskurve, wie sie sich praktisch bei Tausenden von Vpn. ergeben hat, werden nunmehr auch theoretische Konzeptionen gerecht (VAN DE GEER und KARN, s. Abb. 29).

Während PAULI vier Verlaufstypen für die Arbeitskurve angibt, hat BOCHOW 19 Verlaufsformen unterschieden:

die häufigsten sind dabei: ⎯ (13,9%)   ⋁ (20,5%)
⋁ (13,5%)   ⎯ (0,9%)   ⋀ (0,8%)   ⋀ (6,3%).

Die Verteiltheit dieser Formen in ihren Extremwerten ist in den in Klammer beigefügten Prozenten vermerkt. Die Verlaufsformen nach BOCHOW lassen sich aber zu Verlaufstypen zusammenlegen.

Die Deutung

An die Feststellung der einzelnen Befunde im Sinne einer Gesamtsymptomatik schließt sich deren Deutung: das dahinterstehende Seelische soll erkannt werden. Dafür gelten folgende allgemeine Richtlinien:

1. Die einzelnen Symptome sind nicht gleichwertig. Entscheidend ist die Menge; in ihr drückt sich die Aufgabeerfüllung unmittelbar aus, alle sonstigen Maßstäbe stehen damit in Zusammenhang. Es folgt in der Rangordnung der Gesamtverlauf (ausgeglichen und unausgeglichen), sodann die Schwankung und der Anfangsanstieg, danach die übrigen Symptome mit der Steighöhe und der Gipfellage am Schluß.

2. Menge, Steighöhe, Steilheit des Anfangsanstieges und Gipfellage sind im allgemeinen positiv zu bewerten: Je größer der Wert, desto günstiger. Umgekehrt verhält es sich mit den übrigen Symptomen (Schwankung, Zahl der Fehlleistungen): Je mehr, desto ungünstiger.

3. Jedes Symptom läßt grundsätzlich entsprechend den Schriftmerkmalen eine doppelte Deutung – eine positive und eine negative – zu, wenn auch die Wahrscheinlichkeit für beide Fälle nicht gleich groß ist. Fehlerfreiheit ist in erster Linie ein Hinweis auf Sorgfalt und Gewissenhaftigkeit, in besonderen Fällen kann sie auch ein Ausdruck für Ängstlichkeit und Kleinlichkeit sein.

4. Welche Auffassung im einzelnen zu Recht besteht, ergibt sich aus dem Zusammenhang mit den übrigen Befunden. **Kein Symptom kann rein für sich gedeutet werden.**

5. Symptome können sich gegenseitig verstärken, z. B. geringe Menge und große Fehlerzahl; sie können sich aber auch ausgleichen: geringe Menge und Fehlerfreiheit.

6. Zahlangaben sind nicht im Sinne der reinen bzw. strengen Proportionalität zu deuten. Jede weitergehende Abweichung von der Norm bedeutet eine unverhältnismäßige Verbesserung bzw. Verschlechterung. Übersteigen die Fehlleistungen jedes normale Ausmaß, so ist damit nicht einfach eine weitere Verschlechterung, sondern eine völlige Entwertung der Leistung gegeben.

7. Die Abstufung der Symptome gliedert sich regelmäßig:
a) allgemein: nach den Normen des Gesamtverlaufes (Mittelwertskurven mit 4 Phasen, den Verlaufstypen),

b) im Einzelfall: Norm, Über- und Unterwertigkeit, entsprechend den Noten genügend – gut – schlecht.

8. Für die praktisch wichtige Vorauslese (Best- und Schlechtauslese) sind die Mengen in Verbindung mit den Verbesserungen und dem Gesamtverlauf maßgebend. In etwa der Hälfte aller Fälle kann auf vollständige Auswertung verzichtet werden.

Es handelt sich nun darum, was an Psychischem – *Eigenschaften, Anlagen und Fähigkeiten* – den einzelnen Symptomen zuzuordnen ist. Frage: Handelt es sich nur um ein Augenblicks- bzw. Zufallsymptom, d.h. um ein unechtes Symptom, oder um ein echtes, im letzteren Fall um den Ausdruck einer Anlage? Diese Frage kann auf empirisch-statistischem Wege beantwortet werden; es bedarf dazu lediglich eines hinreichend großen Materials, das die Verschiedenheiten von Mensch zu Mensch einigermaßen umfaßt. Diese müssen ausreichend sicher stehen. Unabhängig davon läßt sich eine Deutung unmittelbar einsichtig machen unter Zugrundelegung allgemeiner Erfahrungen. In dem Sinne kann z.B. bezüglich der Bedeutung gehäufter Fehlleistungen kein Zweifel sein. Unmöglich sind sie als Ausdruck wirklicher Sammlung, als Zeichen von Sorgfalt, Besonnenheit und Gewissenhaftigkeit aufzufassen. Denn jeder weiß von sich und anderen, daß das nicht die Bedingungen von Fehlleistungen sind. Das Gegenteil muß der Fall sein. Endlich liefern die Zusammenhänge (Korrelationen) zwischen Symptom und Leistung wertvolle Anhaltspunkte.

So stehen verschiedene Wege offen, die *Deutungsmöglichkeiten* zu ermitteln. Keinen wird man ausschalten, sondern in der wechselseitigen Bestätigung einen letzten Schritt zur Sicherung des Sachverhaltes sehen. Unter diesem Gesichtspunkt ist die folgende Zusammenstellung zu betrachten. Sie vermittelt die psychologischen Grundbegriffe und Gesichtspunkte, die hier in Frage kommen, und soll deren zweckmäßige Verwendung sichern. Das meiste davon trägt einsichtigen Charakter, d.h. der psychologisch Geschulte, ja sogar der Laie, wird sich die Zusammenhänge leicht selber klarmachen. Die Übersicht gibt als Ganzes auch ein Bild von den wichtigsten charakterologischen Möglichkeiten, die der Arbeitsversuch in seiner derzeitigen Ausgestaltung gezeitigt hat. Trotz der verwickelten Ausgestaltung baut sich das Ganze auf einfachen Sachverhalten auf. Es gibt eine beschränkte Anzahl charakterologischer

Merkmale, die als Kern anzusehen sind, auf die alle übrigen bezogen oder von denen sie abgeleitet werden. Sie sind hauptsächlich vereinigt in der Spalte unter Groß +; von hier aus läßt sich das Ganze am besten überblicken. Dazu machen sich die verschiedenen Deutungsmöglichkeiten fast ausnahmslos bei den beiden Symptomen der Menge und Güte geltend; d. h. die Verlaufsbefunde bringen hauptsächlich Bestätigungen und Klärungen von Deutungen, nicht aber ganz neue Gesichtspunkte. Oder umgekehrt: Was sich bei dem Gang der Leistung zeigt, das muß in dem Leistungsergebnis nach Größe und Güte seine Bestätigung finden. Jedenfalls besitzt ein und dasselbe Psychische mehrere Symptome. Diese Verhältnisse sind für das ganze Deutungsverfahren richtunggebend, denn sie gewährleisten die Sicherheit und Stimmigkeit der Deutung.

Die Zuordnungen bauen sich auf der Abstufung der Symptome auf im Sinne von groß und klein. Was darunter zu verstehen ist, bedarf einer Festsetzung. Eine eigene Zusammenstellung gibt dementsprechend Einblick in die Normverhältnisse und zeigt, wie im Einzelfalle vorgegangen werden muß. Es versteht sich von selbst, daß man keine Werte von Allgemeingültigkeit, d.h. für alle Menschen in gleicher Weise, aufstellen kann. Für jede Gruppe, gekennzeichnet durch Alter, Geschlecht, Bildungsgrad, Rasse- oder Stammeszugehörigkeit, Stadt- oder Landbevölkerung, bedarf es eigener Maßstäbe. Diese werden gefunden mit Hilfe des betreffenden Materials selbst, genügende Anzahl sachgemäßer Versuche vorausgesetzt (Signifikanzberechnung erforderlich).

Beispiel einer Normtafel als Grundlage der Bewertung (Normwerte für 18 bis 19jähr. Oberschüler; n = 100, 1938; Ernstfall als Versuchsbedingung)

I. Größe der Leistung	Leistungserfolg		III. Leistungsweg		
	II. Güte der Leistung				
Menge der Additionen	Fehler	Verbesserungen	Steighöhe	Gipfellage	Schwankung
Normwert: 2650	0,8%	1,2%	46 Add.[1]	15. Teilzeit (45. Minute)	3%
Normbereich: 2350—3000	0,6—1,5%	0,7—2,0%	36—58 Add.	13.—18. Teilzeit	2,6—4,0%

[1] Bei ausgeglichenem Verlauf verringert sich dieser Wert

Maßwerte werden gewonnen auf Grund einer Rangordnung, die innerhalb der Gruppe für jedes einzelne Symptom und seine individuellen zahlenmäßigen Ausprägungen vorgenommen worden ist (n = 100). Der einzelne Normwert, der einen ersten Anhaltspunkt – nicht mehr! – liefern soll, ist das Stellungsmittel, d.h. derjenige individuelle Wert, der in der Rangreihe genau in der Mitte steht. Bei n = 25 demnach der 13. Wert. (Ist n eine gerade Zahl, so muß das Mittel aus den beiden in Betracht kommenden Werten genommen werden.) Der Normbereich ist nichts anderes als die sog. Mittelzone, das Streuungsmaß für das Stellungsmittel oder den Zentralwert: das untere und das obere Stellungsmittel also. Im Beispiel ist es das Mittel aus dem 5. und dem 6. Wert von unten wie von oben gerechnet. Der Normbereich ist die eigentlich entscheidende Angabe, auf Grund deren die Bewertung im Vordruck zu erfolgen hat. Er behütet vor ausgesprochenen Fehlurteilen. Die obigen Angaben gelten für gebildete männliche Personen, Erwachsene, die in ausgesprochener Ernstsituation gearbeitet haben.

Auch in den jüngsten Pauli-Test-Untersuchungen (1968, s. Alb. 25, Tab. 2 und 2a sowie die Kurvenschablonen im Auswertungsmanuale) wurden Mittelwerte und Streuungen für die einzelnen Teilzeitleistungen errechnet. Zur Prüfung der Normalität der Verteilungen wurde für alle angegebenen Verteilungen Schiefe und Exzeß bestimmt. Dabei zeigte sich, daß im allgemeinen keine Normalität, ja nicht einmal Symmetrie angenommen werden kann – auch nicht bei der Gesamtleistung. Das hat zur Folge, daß als Maß für die zentrale Tendenz der Median dem arithmetischen Mittel vorzuziehen ist. Außerdem wendet man zur Signifikanzprüfung in Untersuchungen mit dem Pauli-Test besser verteilungsfreie Verfahren an. Somit erwiesen auch die neuesten Arbeiten die Richtigkeit des von Anfang an von Pauli festgelegten Auswertungsmodus auf der Basis der Medianwertberechnung.

Im einzelnen ergeben sich deutliche Unterschiede nach Alter, Geschlecht und Bildungsgrad. Mit Hinblick darauf sind im Auswertungsmanuale (siehe Tabelle und Kurvenschablonen) Durchschnittswerte angegeben, die als Richtlinien für genauere Bestimmungen im Einzelfall dienen können.

Folgende Ergebnisse sind bemerkenswert:

Im *Kurvenverlauf* ist in fast gesetzmäßiger Wiederkehr in allen Altersstufen der Anfangsabfall zu bemerken. Die Streuung der Teilzeitleistungen nimmt im Verlaufe der Versuche zu. Es bestehen dabei Zusammenhänge zwischen Lebensalter, Bildungsgrad (Schulniveau) einerseits und *Leistungsmenge* und *Steighöhe* andererseits. Das gemeinsame Auftreten der Indizes: *hohe Gesamtleistung, große Steighöhe* und *geringe Schwankung* läßt vermuten, daß derselbe Generalfaktor diesen Indizes zugrunde liegt. Eine ähnliche Ursache scheint die bei hohen Leistungen nach dem Ende zu verschobene *Gipfellage* zu haben. Es gibt auch typische Kurvenverläufe für die verschiedenen Entwicklungsstufen. Zum Beispiel fehlt im Stadium der Vorpubertät die *Steighöhe*, im Verlauf der Pubertät nimmt sie zu bis zum Alter von 18 Jahren. Im Greisenalter ist mit einem Absinken zu rechnen (Abb. 23).

Bei der Deutung des Arbeitsversuchs erhebt sich schließlich die Frage nach dem Allgemeingültigen, das unabhängig von den genannten individuellen Unterschieden stets wiederkehrt. An erster Stelle ist da der Gesamtverlauf mit seinen 4 Phasen zu nennen. Er kehrt auch unter veränderten Bedingungen in annähernd gleicher Weise wieder. Nur die Höhenlage ändert sich von Fall zu Fall. Alle übrigen Normwerte, Häufigkeit von Rechenfehlern und Verbesserungen, Steighöhe, Gipfellage und Schwankung, erfahren Abänderungen, wenn auch in mäßigem Ausmaß. Die Richtung zum mindesten läßt sich im vorhinein im allgemeinen bestimmen, nämlich aus der Gesamtleistungsfähigkeit der betreffenden Gruppe heraus. Da sie im vorliegenden Fall, verglichen mit der obigen Norm, herabgesetzt ist, ändern sich die Einzelwerte nach den Gesichtspunkten, die eingangs als allgemeine Richtlinien der Beurteilung aufgestellt worden sind.

Hauptmerkmale der Arbeitsleistung
ihre psychologische Deutung nach dem bipolaren System[1]

Hohe Anfangsleistung		Niedere Anfangsleistung	
+	−	+	−
Große Willensstoßkraft	Blinde Sturheit	Reflektierende Einstellung	Geringe Willensstoßkraft
Hohe Entschlußfähigkeit	Sinnloses Draufgängertum	Bewußte Distanz zwischen Mensch und Arbeit	Geringe Entschlußfähigkeit
Erhöhte Einsatzbereitschaft		Rücksicht auf ausreichende Kraftreserven	Verminderte Einsatzbereitschaft
Starke Anfangsimpulse			Schwache Anfangsimpulse
Lebhafte Arbeitsfreude			Mangelnde Arbeitsfreude
Kraftvolles Eigenmachtgefühl			Fehlendes Vertrauen in die eigene Kraft
Gesunde Frische, Unmittelbarkeit Unbefangenheit Unkomplizierte Hingabe			Ängstlichkeit Zaghaftigkeit Gehemmtheit Gesperrtheit
Flüssiger Gedankenablauf		Zäher Gedankenablauf	

Steighöhe klein

Gesamtniveau gut - mittel	Gesamtniveau mittel - schlecht
+	−
Sachlicher Leistungswille Einsatzbereitschaft	Mangelnder Willenseinsatz Weichheit Geringe Durchsetzungs- und Widerstandsfähigkeit Fehlende Nachhaltigkeit u. Ausdauer Trägheit, geringer sachlicher Leistungswille Interesselosigkeit, Gleichgültigkeit Schwunglosigkeit, Unlebendigkeit Schwächlichkeit, Schlappheit, Mattigkeit

[1] Nach Remplein mit kleinen Verbesserungen

Steighöhe klein

Gesamtniveau gut - mittel +	Gesamtniveau mittel - schlecht —
Grenzen der Entfaltungsfähigkeit Verlust an natürlichem Schwung und unmittelbarer Frische durch erhöhte Selbstkontrolle, sorgfältige bewußte Überwachung der Arbeit Leerer Betätigungsdrang Sturheit Mangel an eigener Überlegung und an Überlegenheit	Mangelnde Aktivität, Antriebsarmut Geringe Anpassungs- und Einstellungsfähigkeit Umständlichkeit, Unbeholfenheit, Ungeschicklichkeit, Langsamkeit, Schwerfälligkeit Denkfaulheit Zähigkeit des Gedankenablaufs Mangelnde Vitalkraft, wenig Belastungsfähigkeit Geringe Steigerungsmöglichkeit der Leistung Mangelnde Entfaltungsfähigkeit, Enge, Dürftigkeit der Persönlichkeit

Steighöhe groß

Rückhaltloser, bewußt geleiteter Willenseinsatz Härte, Unbeugsamkeit, Zähigkeit Durchsetzungs- und Widerstandsfähigkeit Straffheit, Entschlossenheit Konsequenz, Nachhaltigkeit Eifer, Strebsamkeit, Sammlung Leistungsfreude, sachliches Interesse Lebendigkeit, natürlicher Schwung, gesunde Frische Erhöhte Aktivität und Antriebskraft Gute Anpassungs- und Einstellungsfähigkeit Anstelligkeit, Gewandtheit, Geschicklichkeit Denkfreudigkeit Flüssigkeit des Gedankenablaufs Vitalkraft, Robustheit, Belastungsfähigkeit, Stabilität Steigerungsmöglichkeit der Leistung Entfaltungsfähigkeit der Person	Größerer Aufwand an Energie und Aktivität erst im Verlauf der Arbeit Schwacher anfänglicher Willenseinsatz Mangelnde Willensstoßkraft Anfängliche Distanz und Zurückhaltung

	Gipfelpunkt vorverlagert	Gipfelpunkt rückverlagert
Leistungsniveau hoch	Frühes Nachgeben gegenüber Ermüdungserscheinungen Unbesonnenes Draufgängertum Vernachlässigte Ökonomie des Wollens Wenig planvoller Krafteeinsatz Dem ursprünglichen Wollen nicht ausreichende Vitalkraft Vorwiegend Willensstoßkraft Mangel an Willensspannkraft Durchhaltekraft, Zähigkeit, Ausdauer. „Vordergrundenergie"	Spätes Nachgeben gegenüber Ermüdungserscheinungen Rückhaltloser Willenseinsatz Große Vitalkraft Zähigkeit, Ausdauer, Durchhaltekraft Willensstoßkraft und Willensspannkraft
Leistungsniveau mittel	Kräftiger anfänglicher Willenseinsatz Mangelnde Zähigkeit und Vitalkraft Frühes Erlahmen	Fleiß, Strebsamkeit Vorsichtiges, besonnenes Haushalten der Kräfte Mangelnde Anpassungs- und Einstellungsfähigkeit Anfängliche Distanziertheit, Zurückhaltung, Scheu, Ängstlichkeit, Gehemmtheit, Schwerfälligkeit
Leistungsniveau niedrig	Anfänglicher Willenseinsatz Früher Ermüdungseintritt Mangelnde Widerstandskraft	Trägheit Mangelnde Anstrengungs- und Einsatzbereitschaft Antriebsarmut, Interesselosigkeit, Schwunglosigkeit Phlegmatisches Temperament Später Ermüdungseintritt infolge geringen Energieaufwandes

Große Schwankung

Gesamtniveau gut - mittel Steighöhe groß - mäßig +	Gesamtniveau mittel - schlecht Steighöhe mäßig - klein —
Gefühlsstärke Gefühlsbestimmtheit Starke Erlebnisfähigkeit Hohe Ansprechbarkeit des Gefühls Erregbarkeit Innere Beteiligung Aufwühlbarkeit Feinfühligkeit Sensibilität Empfindsamkeit Antriebsreichtum Entschlußfreudigkeit Lebhaftes, impulsives Temperament Leidenschaftlichkeit Künstlerische Veranlagung Übertriebene Empfindlichkeit Disharmonie Unbesonnenheit Unüberlegtheit	Willensschwäche Mangel an Sammlung Geringe Konzentrationsfähigkeit Erhöhte Ablenkbarkeit Planlosigkeit Unentschlossenheit Wankelmut Unbeständigkeit Unberechenbarkeit Ich-Bezogenheit Weichheit Reizbarkeit Aufgeregtheit Launenhaftigkeit Neigungsbestimmtheit Unausgeglichenheit Unbeherrschtheit Hemmungslosigkeit

Kleine Schwankung

Gesamtniveau gut - mittel Steighöhe groß - mäßig +	Gesamtniveau mittel - schlecht Steighöhe mäßig - klein —
Willensstärke Willensbestimmtheit Beherrschtheit Festigkeit Entschiedenheit Stetigkeit Starke Einsatzbereitschaft Sachlicher Leistungswille Aufgabengebundenheit	Gefühlskälte Geringe Erlebnisfähigkeit Geringe Gefühlsansprechbarkeit Antriebsarmut Geringe Regsamkeit Temperamentlosigkeit Gleichgültigkeit Trägheit, Behäbigkeit

Kleine Schwankung	
Gesamtniveau gut - mittel Steighöhe groß - mäßig +	Gesamtniveau mittel - schlecht Steighöhe mäßig - klein —
Sammlung, Klarheit Besonnenheit, Gleichmäßigkeit Ruhiges, ausgeglichenes Temperament Nüchternheit Kühle Reserviertheit Gemütsarmut Sturheit	Stumpfheit

Das Deutungsverfahren beginnt mit dem Allgemeinen und endet mit der Ausnützung der letzten Einzelheit. Das erste ist die Vergewisserung über die Brauchbarkeit des Versuches und seiner Ergebnisse. Unter den Anhaltspunkten, die hier mitsprechen, ist das Befinden am wichtigsten. Danach scheidet ein Versuch unter Umständen von vornherein aus. Auch die Beschäftigung zuvor darf keinesfalls außer acht gelassen werden. Ausgangspunkt wird im übrigen stets die Menge des Geleisteten sein; man überzeugt sich von ihrer Größenordnung im Sinne von normal, über- und unterwertig. Ein geübter Blick entnimmt die Unterlagen dafür auch aus der durchschnittlichen Höhenlage der Kurve. Man überzeugt sich weiter, ob die Fehlleistungen etwas ändern im Sinne der Unterstreichung oder Abschwächung. Meist bleibt es beim ersten Befund. Dann ist der *Gesamtverlauf*, ausgeglichen und unausgeglichen, zu würdigen gemäß dem Normbilde der Mittelwertskurve: Die Unterscheidung von typisch und atypisch stützt sich darauf. Es fragt sich, ob die ersten Eindrücke sich bestätigen oder abgeändert oder endlich durch neue Gesichtspunkte ergänzt werden müssen.

Der *Gesamteindruck* erscheint festgelegt. Dennoch wird man sich nicht damit begnügen, sondern nunmehr jedes einzelne Symptom werten, dem seitherigen Bild einfügen und dieses verifizieren. Der Reihe nach sind zu berücksichtigen: Schwankung bzw. Stetigkeit und Anfangsanstieg, Steighöhe, Verlaufsbeginn und Gipfellage. Die Aufmerksamkeit richtet sich dabei selbstverständlich auf das Auffallende, stark von der Norm Abweichende. Ist auch diese Prüfung beendet, so wird man das *Ganze* auf irgendwelche Besonderheiten untersuchen, auch was die Verbindung von Symptomen angeht. Verhaltensbeobachtung, eigene Angaben treten hinzu, überdies das Schriftbild, so wie es die Zahlen des Rechenbogens liefern. Alle Einzelfeststellungen sind zu sichten und zu einem Gesamtbefund zu vereinigen unter dem Gesichtspunkt der Stimmigkeit. Es empfiehlt sich, in der angegebenen Reihenfolge vorzugehen und für jeden Punkt Stichworte aufzuschreiben, um nichts zu übersehen und um dem Ganzen eine sichere Unterlage zu geben.

Die Kurvenanalyse des Arbeitsverlaufs

Wenn auch die Arbeitskurve hier unter diagnostischen Gesichtspunkten betrachtet wird, so sollen darüber doch gewisse Untersuchungen nicht übersehen werden, die ihrer Theorie und deren Aufstellung dienen.
Es handelt sich um zwei Arbeiten: die erste, von O. HIRSCH, beruht auf einer genauen Zergliederung des fortlaufenden Addierens derart, daß jede Einzelrechnung, d.h. ihr schriftliches Ergebnis registriert wurde (Abb. 3). Dazu diente eine Schriftwaage mit Luftleitung, mit Mareyscher Kapsel, entsprechendem Schreibhebel und Heringscher Schleife, deren regelmäßiger Gang für meßbare Zeitverhältnisse berechnet war. Es ließen sich etwa 14 m lange Kurven auf diese Weise schreiben in einem Nebenzimmer – also unwissentlich –, die das Druckbild jeder einzelnen Zahl nebst den zugehörigen Zeitabständen lieferten. Ersetzt man das Schrift- bzw. Druckbild der Ziffern auf der Kurve durch einen einfachen Vertikalstrich, um über die Pausen zwischen den Rechnungen Aufschluß zu erhalten, so ergibt sich eine Art Spektrum, d.h. ein anschauliches Bild vom Gang der Arbeit, was die Aufeinanderfolge der Additionen angeht.
Neuerdings kann man sich wesentlich besserer technischer Hilfsmittel bedienen: Schriftwaage nach Steinwachs; Schwarzer-Synchronschreibgerät. Ein solches Spektrum führt zu einer Erklärung des Kurvenganges im einzelnen, des Zustandekommens der phasischen, aber auch der Einzelschwankungen, die der Kurve das Gepräge verleihen. Es läßt ohne weiteres erkennen, daß der gesamte Ablauf gewissermaßen ruckweise erfolgt: auf eine Periode rasch aufeinanderfolgender, gedrängter Additionen folgen eigenartige Verzögerungen, um dann wieder Beschleunigungen zu weichen[1]. Größere Pausen bedingen hauptsächlich die typischen Phasen; die individuell stark variierenden Schwankungen deuten auf einen Aufmerksamkeitsrhythmus hin, der der Berechnung zugänglich erscheint. Nicht unbedeutende experimentell-technische Voraussetzungen sind dabei neben verwickelteren mathematischen Auswertungen zu erfüllen. Der Mader-Ottsche Kurvenanalysator spielte dabei eine Hauptrolle. Ergebnis: ein kürzerer Rhythmus von etwa 40 Sekunden ist neben einem längeren maßgebend.

---

[1] Das Vorkommen von Blockreaktionen beim Addieren von Zahlen erwähnte Bills 1931; vgl. neuerdings Bäumler (1967) und Harth (1969).

Etwas anderes als dieses Mikrogeschehen ist die Deutung des Gesamtverlaufes der Kurve nach ihren eigentümlichen Phasen. Bereits KRAEPELIN hatte eine Zerlegung der Arbeitskurve in Komponenten angestrebt, allerdings auf unzureichender Grundlage. Eine neuartige mathematisch und biologisch begründete, praktisch hypothesenfreie *Zerlegung der Arbeitskurve* in Komponenten erlaubt eine Aufspaltung des Arbeitsvorganges in Elemente, die wohl Schichten der Persönlichkeit von den elementar-physischen bis zu den höchsten psychischen entsprechen (STUBER). Demgemäß war es möglich, die Hauptkomponenten (Kurven der leistungsfördernden und leistungshemmenden Faktoren) wiederum in Teilkurven aufzuspalten und deren Gleichungen zu bestimmen. Auf diese Weise konnte der zusammengesetzte Charakter der Ermüdungs- und Übungskurven und der ihnen zugrunde liegenden Erscheinungen nachgewiesen werden. Es ergaben sich z. B. zwei Ermüdungskurven von ganz verschiedener typischer Verlaufsform.

Die Interkorrelationen zwischen den Teilzeiten können den Itemkorrelationen gleichgesetzt werden. Diese Interkorrelationen berechtigen PAULI zu der Feststellung, daß besonders repräsentativ sich ausweisende Teilzeiten (4.–8.) herausgegriffen werden können zur Bestimmung von Einzelkurvensymptomen, wodurch die Auswertungsarbeit vereinfacht werden konnte.

Die Notwendigkeit einer Kurvendiskussion haben PAULI und seine Schüler eh und je bereits erkannt. Die Ergiebigkeit einer Kurvenanalyse läßt sich erreichen in einfacher Weise durch Errechnung der zweiten differenten Teilleistung. Bei der Normalkurve ergibt sich überraschenderweise ein durchaus harmonischer Verlauf (Kurve von KRITZINGER Abb. 6). TRÄNKLE und BLUME haben den Kurvenverlauf beim Arbeitsversuch an 120 Personen untersucht, und zwar vermittels der Fourieranalyse. Die in der Fourieranalyse ermittelten Wiederholungskurven sind nichts anderes als Wellenzüge konstanter Wellenlängen, aber veränderlicher Amplituden, d.h. persistente Wellenzüge im Gegensatz zu periodischen Wellenzügen. Die Frequenzen der dazugehörigen harmonischen Kurven lassen sich berechnen entweder durch Spektraldarstellung (vgl. hierzu das Arbeitsspektrum Abb. 3) oder aus der mathematischen Analyse der Kurve. Nach einer Einteilung der Kurven im Hinblick auf die Wellenlänge in Phasen nimmt der Analysenverlauf folgenden Gang: in jeder Arbeitskurve kommen verschiedene Wellenlängen vor. Von jeder Arbeitskurve werden die Amplituden gesucht und die Perioden addiert. Diese Summe heißt die Amplitudensumme einer Arbeitskurve. Dann errechnet man den prozentualen Anteil der Amplitude der überlangen Welle und den überdurchschnittlichen prozentualen Anteil der übrigen Periode an dieser Amplitudensumme. Je größer der erste prozentuale Anteil gegenüber dem zweiten ist, um so beherrschender gestaltet die überlange Periode das Kurvenbild. Auf diese Weise wird eine Rangordnung der Versuchspersonen nach Kurvenklassen möglich. Nach den bisherigen Beobachtungen ist die Gruppe mit überlangen Perioden zahlenmäßig am stärksten vertreten. Hier ist der Prozentanteil der überlangen Amplitudensumme mindestens doppelt so groß wie der durchschnittliche Prozentanteil der übrigen in der Arbeitskurve gefundenen Perioden. Bei einer Gruppe von 54 untersuchten Patienten entfallen auf diese Klasse 53 (Angaben nach BLUME). Über die mathematische Nachweisbarkeit von Perioden in den Arbeitskurven berichtet BLUME in der Zeitschrift für Kreislaufforschung (1955); über die Bedeutung des richtigen Kurvenverlaufs im Pauli-Test für die klinische Diagnose in der Zeitschrift für die gesamte Medizin (1959). Aus medizinischem Interesse (Marburg) wurde das Problem des Kurvenverlaufs sehr eingehend und unter Aufbietung moderner mathematischer Hilfsmittel eingehend analysiert, während von psychologischer Seite zahlreiche neue Verlaufstypen konstruiert wurden, die aber einer fourier-analytischen Untersuchung nicht standhalten, weil sie nicht nur reduktionsfähig, sondern auch reduktionsbedürftig sind (vgl. hierzu ULICH, S. 116).

Nach der Phase und nach der Amplitude lassen sich drei Kurven (Gruppe I, II, III) deutlich voneinander unterscheiden:

Gruppe I. Ihre Kurven haben eine überlange Welle, deren Maxima sich in der 2. Kurvenhälfte befinden und in dem letzten Kurvenviertel sich häufen. Hierdurch zeigt sich, daß dem Leistungsablauf dieser Versuchspersonen ein bestimmter Grundrhythmus zugrunde liegt, der sich durch die Gesamtleistung erstreckt und folgendermaßen verläuft: Die Versuchspersonen zeigen zunächst einen leichten Leistungsabfall. Dann aber wird nach Erreichung eines nahen Leistungsminimums ein immer stärker werdender Leistungsanstieg erzielt, der kurz vor Erzielung des Leistungsmaximums schwächer wird und nach diesem Maximum in einen leichten Abfall übergeht, wie der Verlauf der überlangen Periode in Abb. 7 zeigt.

In diesem wellenförmigen Aufschwung erzielen sie besonders hohe Leistungen, die sich in der Höhe der Durchschnittsleistungen gegenüber den beiden anderen Gruppen offenbaren. Die Leistung beträgt nämlich bei der 1. Gruppe 105,7 Additionen in 3 Minuten, während sie in der 2. nur 82,8 und in der 3. Gruppe 87,6 umfaßt. Der Leistungsdurchschnitt aller 120 Versuchspersonen ist 94,5. In der 1. Gruppe mit 53 Versuchspersonen erreichen 31 einen höheren Leistungsdurchschnitt, in der 2. von 28 nur 11 und in der 3. Gruppe von 39 nur 17.

Der wellenförmige Aufschwung ist besonders ausgeprägt in der Untergruppe Ia, wo die Amplitude der überlangen Wellen mindestens doppelt so stark wie der Durchschnitt der übrigen in der Arbeitskurve enthaltenen Wellenamplituden ist. Diese Versuchspersonen zeigen dabei zumeist auch eine übergroße Energie. Interessanterweise ist hier das Verhältnis von Männern zu Frauen mit 11 zu 19 genau umgekehrt wie in der Gesamtzahl, wo es mit 64% Männern gegenüber 36% Frauen vertreten ist. Zwar sind dem Aufschwungsrhythmus noch kürzere Wellen überlagert, aber sie bestimmen nicht das Kurvenbild.

Gruppe II. Die Kurven dieser Gruppe besitzen ebenfalls eine überlange Welle, aber deren Phase ist der 1. Gruppe entgegengesetzt, da das Wellenmaximum jetzt in der 1. und das zugehörige Minimum in der 2. Kurvenhälfte liegt. Der hier sich äußernde Grundrhythmus zeigt also zunächst einen schwachen Leistungsanstieg, schlägt dann nach Erreichung eines nahen Maximums in einen erst schwachen, dann aber immer steiler werdenden Abfall um, der kurz vor dem Leistungsminimum wieder schwächer wird und nach ihm in einen leichten Anstieg umschlägt, wie Abb. 8 zeigt. Die Energielosigkeit dieser Versuchspersonen äußert sich in der durchschnittlich geringsten Arbeitsleistung. Die damit ebenfalls verbundene große Unsicherheit zeigt sich in der verhältnismäßig großen Anzahl von Additionen, die der Rhythmik unterliegen. Denn das Verhältnis der Amplitudensumme zum Leistungsdurchschnitt beträgt in dieser Gruppe 28%, während es in der 1. Gruppe 23% und in der 3. Gruppe 21% ist.

Gruppe III. Die Versuchspersonen dieser Gruppen besitzen keinen Grundrhythmus, da sie keine überlange Welle in der Arbeitskurve haben oder, wenn sie vorkommt, nur eine unterbrochene. Sie arbeiten also wesentlich kurzrhythmisch, wobei die Sprunghaftigkeit selbst wieder als Maß einer Rangordnung gelten kann, wie Abb. 9 zeigt. Zu einer weitergehenden

Zuordnung spezifischer psychischer Eigenschaften reicht das vorliegende Zahlenmaterial noch nicht aus. Es ist allerdings sehr wahrscheinlich, daß dies bei Fortführung der Untersuchungen möglich sein wird, wie im übernächsten Abschnitt begründet werden wird.

An 2 Beispielen (Vp. E. D. und Vp. X. Y., aufgeführt in Tab. 14) soll die Ergiebigkeit und die Anwendbarkeit der Fourieranalyse vorgeführt werden.

Die Kurvenanalyse (nach BLUME) gab für die Versuchsperson E. D. (vergleiche die Kurven der 1., 5. und 10. Wiederholung in Abb. 13) überlange Perioden mit Maximumslagen im letzten Kurvenviertel, was einem Aufschwungsrhythmus entspricht, der zur überlangen Periode gehört. Die Verhältniszahl (VZ) zwischen Amplitudensumme und Durchschnittswert ist klein. Die Versuchsperson besitzt am Ende der Versuchsreihe nicht mehr den Aufschwungsrhythmus, sie arbeitet kurzrhythmisch. Im Wiederholungsversuch 1 bis 7 bleibt die genannte Versuchsperson innerhalb derselben Gruppe I, ihre VZ wächst von 1,3 auf 2,8. Bei den Tests 8 bis 10 bleibt die überlange Periode aus, die Versuchsperson arbeitet nur noch kurzrhythmisch; dafür ist die Zuwachsrate der Additionssummen auffallend klein.

Für die Versuchsperson X. Y. (Abb. 14) kommt die Kurvenanalyse zu folgendem Ergebnis: Im ersten Versuch liegt das Maximum der überlangen Periode in der Kurvenmitte, was sehr selten vorkommt. Die stärkste Periode ist nicht die überlange, sondern die 14 cm lange. Die Versuchsperson gehört also in eine Zwischenlage von Gruppe I und II, und da die überlange Periode überhaupt nicht stark ist, tendiert sie zur Gruppe III, bei der ein kürzerer Rhythmus vorherrschend ist. Bei den folgenden Versuchen liegt das Maximum der überlangen Periode bei 18, so daß sie hier zur Gruppe I gehört, aber sie liegt am unteren Ende, weil wesentlich kürzere Perioden die stärksten sind, so daß man auch hier von einer Tendenz im Verhalten gemäß Gruppe III sprechen könnte. Die Labilität, d.h. der Quotient aus Amplitudensummen und Durchschnitt ist im Versuch Nr. 1 besonders hoch, während er in Versuch 2 und 3 auf weniger als die Hälfte absinkt. Im Versuch 4 erreicht die überlange Periode die Spitze neben einer sehr kurzen, so daß die Tendenz zur Gruppe I etwas verstärkt wird. Im Versuch 5 und 6 arbeitet sich die Versuchsperson noch stärker in die Gruppe I hinein; der Quotient erreicht hier die Größe 2,5. Der Typ der Gruppe II ist beim 6. Wiederholungsfall am reinsten ausgeprägt. Im 7. und 8. Versuch sind die überlangen Perioden wieder schwächer und halten nicht mehr die Spitze gegenüber kürzeren Perioden. Im 9. und 10. Versuch bricht dagegen wieder deutlich die Form der Gruppe II durch. Die Kurvenanalyse ermöglicht den Vergleich: die Labilität ist bei Vp X. Y. in allen Wiederholungsversuchen wesentlich höher als bei der Versuchsperson E. D.; die Zuwachsraten der Additionssummen sind wesentlich unstetiger bei X. Y. als bei der anderen Versuchsperson. Die durchgängige Zugehörigkeit der Versuchsperson X. Y. zu Gruppe II wird durch folgende Charakteristik angegeben: wesentlich geringere Gesamtleistung, größere Unsicherheit und größere Labilität, Maximum der überlangen Periode im ersten Kurvenviertel, was einem stürmischen Leistungsanfang und dann folgendem Abfall entspricht.

Diese zwei Beispiele mögen zeigen, daß im ganzen gesehen die Kurvenanalyse doch für die einzelne Versuchsperson gleichbleibende Bilder bei Wiederholungsuntersuchungen ergibt, insbesondere, daß die Einspielung in eine Gruppe bei Wiederholungsversuchen ganz deutlich wird. Für die restlichen Versuchspersonen der Tabelle 14 hat BLUME im Jahre 1965 die kurvenanalytischen Ergebnisse veröffentlicht und dabei die obigen Angaben über die drei typischen Verlaufsformen bestätigt.

Über die praktische Brauchbarkeit dieser Fourieranalyse berichtet TRÄNKLE. Die klinisch aufgeschlüsselten Ergebnisse haben bei etwa gleicher Anzahl der Frequenzen eine abnehmende Rangreihe der Amplitudensumme von den Nervös-Erschöpften, über Vasolabile, Hochdruckkranke, Arteriosklerotiker zu den Herzinfarkt-Rekonvaleszenten ergeben, wobei die letzteren die kleinsten Schwingungsweiten aufweisen. Bei den vasolabilen Personen lagen die Frequenzmaxima im ganzen Bereich mit Häufungen um die 9. und 18. Teilzeit. Diese mit der normalerweise aufkommenden Ermüdung zusammenhängende Erscheinung verliert sich aber zunehmend bei den organisch Kranken, so daß die ausgezeichneten Leistungspunkte bei den Arteriosklerotikern in den ersten zwei Dritteln des Kurvenverlaufs auftreten. TRÄNKLE weist auch darauf hin, daß das Nachlassen der raschen Adaptationsfähigkeit zusammenhängt mit einer erstarrten peripheren Durchblutung bzw. mit fixierter Blutdruckregelung. Die Herzinfarktkranken weisen die zunehmende Erstarrung der Sklerotiker nicht auf. Über die Rangreihen der Frequenzbereich-Differenz zwischen größter und kleinster Periode nach den Diagnosen im Pauli-Test gibt Abb. 10 (nach TRÄNKLE) Auskunft.

Weil die Kurvenanalyse nach FOURIER in der Abhandlung von BLUME und TRÄNKLE sehr in mathematische bzw. medizinische Details geht, wird von psychologischer Seite wohl wieder der Vorwurf der elementenhaften, atomistischen, mechanistischen Betrachtungsweise vorgebracht werden. Darum muß ein Ergebnis der Kurvenanalyse Erwähnung finden, welches die allgemein psychologische und grundsätzliche Bedeutung der „*personalen Konstitution*" hervorhebt (vgl. hierzu ARNOLD 1969). TRÄNKLE stellt fest, daß die Diskussion über die Entstehung der verschiedenen Verhaltensweisen auf Grund der Zusammenschau der verschiedenen Arbeitsabläufe zu dem Schluß führt, daß die persönliche Haltung, in der jahrelang Lebenssituationen beantwortet werden, als spezifisch für die physiologischen Körpervorgänge anzusehen sei. Damit stehe das Subjekt im Sinne von WEIZSÄCKER in der Möglichkeit eigener Entscheidungen. Demnach läßt sich der auch von KATZ und den von ihm als „so findig" bezeichneten Gestaltpsychologen erhobene Verdacht gegen eine atomistische, elementenhafte Reflexpsychologie in ihrer ganzen Einseitigkeit und Beschränktheit gegenüber PAULI nicht aufrecht erhalten. Wenn auch die Diagnosen auf Grund von fourieranalytischen Untersuchungen der Arbeitskurve umständlich sind, in Sonderfällen erscheinen sie also doch lohnend; zumindest verfolgt die Forschung hier einen Weg, der zu der theoretisch richtigen Schlußfolgerung hinsichtlich der personalen Konstitution geführt hat. Bereits 1943 vermerkte PAULI, daß in der Arbeitskurve verschiedenartige *Rhythmen* liegen: neben einem langen Rhythmus ein 40-Sekunden-Rhythmus. Später (1959–1964) kamen die Rhythmusuntersuchungen von BLUME hinzu, die durch Untersuchungen von REUNING bestätigt wurden.

Dabei ergab sich in der analytischen Zerlegung der Kurve mit Hilfe der Fourier-Analyse und des von J. REUNING empfohlenen Verfahrens zur Gewinnung von Prinzipalkomponenten (HOTELLING), daß die Arbeitskurve sich in eine Reihe von Einzelkomponenten (Faktoren) (Abb. 27 und 28) auflösen läßt, die zusammengefügt wieder nahezu das originale Kurvenverlaufsbild liefern[1]. REUNING hat die 20 Drei-Minuten-Teil-

---

[1] Diese Angaben verdanke ich einer persönlichen Mitteilung von Dr. Reuning, Johannesburg.

leistungen an 100 Versuchspersonen in diesem Sinn untersucht; er stellt fest, daß aus diesen 20 charakteristischen Vektoren sich für jede Versuchsperson Originalwerte für die Komponenten exakt gewinnen lassen. Man kann also mit Hilfe der Prinzipalkomponenten-Analyse den ursprünglichen Satz von 20 korrelierten Variablen für jede Versuchsperson ersetzen durch einen Satz von 5–6 Variablen, die völlig unkorreliert sind. Diese treten der Reihenfolge nach in der Größe ihres Beitrages zur Gesamtvarianz auf. Man bekommt also mit der Erstkomponente den größtmöglichen Beitrag, den irgendeine einzelne Variable zur Herstellung der ursprünglichen Rohwerte leisten kann. Wenn man diesen Annäherungswert verbessern will, so ist das möglich durch Vermitteln der zweiten Komponente usw. Die Komponenten sind linear unabhängig, also unkorreliert.

Folgende Komponenten wurden auf diese Weise festgelegt:
- I. Quantität (Höhe)
- II. Energie (Steilheit)
- III. Extraversion-Introversion (korreliert angeblich auch mit der Alpha-Frequenz im Elektroenzephalogramm)
- VI. Anpassungsfähigkeit
- V. Motivation, auftretend in einem Rhythmus von sechs Teilzeiten = 18 Minuten

Es verdient festgehalten zu werden, daß REUNING vor allem auf dem Wege der Extrapolation zu Rhythmenlängen bis zu 2 Stunden kommt. Komponente I legt die Arbeitskurve nach der Höhe, Komponente II nach ihrer Steilheit fest. Ein negativer Score bei III veranlaßt eine ∩-förmig gebogene Kurve, ein positives Score bei III dagegen eine U-förmig gebogene Kurve nach oben. Komponente II entspricht wohl dem absteigenden und aufsteigenden Ast einer überlangen Welle im Sinne von BLUME.

Überschaut man zum Schluß das charakterologische Untersuchungsverfahren, wie es im vervollkommneten Arbeitsversuch nunmehr vorliegt, so erhebt sich wie bei jeder Methode die Frage nach der Leistungsfähigkeit und ihren *Grenzen*. Wenn auch letzten Endes nur die fortgesetzte Erfahrung und ihre kritische Verwertung darüber zu entscheiden vermögen, so lassen sich doch gewisse allgemeingültige Gesichtspunkte schon jetzt aufstellen:

Selbst bei exakter und umsichtiger Kurvenanalyse und Deutung und bei ganzheitlicher Zusammenschau der Symptome und Merkmale besteht die Möglichkeit und damit Notwendigkeit der *Befragung* bzw. *Aussprache*. Eine solche würde demnach als eigentlicher Abschluß des Versuches anzusehen sein; erst dann wären die methodischen Möglichkeiten, die in ihm stecken, erschöpft.

Doch ist damit nicht alles gesagt. Wenn hier von der *Einstellung* zum Versuch die Rede ist, so handelt es sich zunächst um etwas Bewußtes, besser Gewußtes. Darüber hinaus wird man aber die *Geeignetheit* im ganzen für eine derartige Prüfung berücksichtigen müssen, eine Eignung, über die der Betreffende selbst sich nicht klar sein kann, weil hier seine Gesamtveranlagung mitspricht. Nur aus *anderen Quellen* heraus und niemals vollständig wird man diesem Gesichtspunkt Rechnung tragen können. *Der Versuch, ein winziger Ausschnitt im Leben und Erleben des Betreffenden, ist eben doch mit dem nie eindeutig und vollständig Faßbaren der Gesamtperson verknüpft.* So muß eine letzte Unsicherheit immer bestehen bleiben. Es wäre falsch, daraus eine Abwertung des Verfahrens herzuleiten. Das käme nur in Betracht bei einem störenden und entstellenden Ausmaß dieses Faktors. Daß es nicht durchgängig vorhanden ist, lehrt die bereits vorhandene Erfahrung, dafür sprechen auch allgemeine Tatsachen. Die Übernahme einer Aufgabe, auch einer wenig zusagenden, gehört zum Leben überhaupt. Also nur im individuellen Ausnahmefall ist hier mit einer nicht zu beseitigenden Fehlerquelle zu rechnen. Auch das ist eine wichtige Feststellung, zumal sie durchaus zugunsten des Verfahrens spricht. Endlich darf man aus alledem eine wichtige Schlußfolgerung ziehen, die beim Gebrauch des Verfahrens stets gegenwärtig sein muß: *Die positiven Bedeutungen und Angaben, die ein Befund liefert, sind jedenfalls sicherer als die negativen, weil diese auch durch Nebenumstände bedingt sein können.* Durch den Arbeitsversuch werden Tauglichkeit, Geeignetheit und Leistungsfähigkeit sicherer festgestellt als das Gegenteil.

Die Faktorenanalyse des Arbeitsversuchs

Der Begriff Faktorenanalyse muß hier weiter gefaßt und verstanden werden als in der üblichen psychometrischen Literatur. Es kann sich hier nicht nur um Faktoren handeln, die aus den Korrelationskoeffizienten einer Matrix errechnet werden, sondern auch um Faktoren, die zwar nicht rechnerisch extrahiert, wohl aber empirisch und zahlenmäßig faßbar sich als existent erweisen. Hierzu rechnen z. B. die im vorhergehenden Kapitel aufgewiesenen „Prinzipalkomponenten".

a) *Kann der Arbeitsversuch „Gestaltgesetze geistiger Art" aufweisen?*
KATZ hat in der zweiten Auflage seiner Gestaltpsychologie den Versuch unternommen, Gestaltgesetze geistiger Art an Hand von Rechenversuchen mit 1-, 2- und 3stelligen Zahlenadditionen zu ermitteln. Er glaubt, daß das Gesetz der „guten Kurve" und das Gesetz des „gemeinsamen Schicksals" auch für Arbeitsgestaltungen gelte, die miteinander verflochten werden. Ganz abgesehen davon, daß diese Gestaltgesetze in ihrer allgemeinen Formulierung zwar auf Additionsleistungen übertragen werden können, obwohl niemand genau weiß, wie sich hier die „gute Kurve" darstellt oder wie hier das „gemeinsame Schicksal" aufgewiesen werden kann, sind Versuche mit einer einzigen Versuchsperson (KATZ, S. 114) kein zureichendes Beweismaterial. Nun hat KATZ sicherlich auch Versuche an einer größeren Zahl von Versuchspersonen durchgeführt, aber diese entscheidende Schlußfolgerung wird insbesondere nach Vortrag eben dieses Ergebnisses einer einzelnen Versuchsperson gewagt. Ohne einer statistischen Psychologie das Wort reden zu wollen, müssen doch gewisse Bedingungen eingehalten werden, die die Signifikanz des Belegmaterials verbürgen; zu diesen Bedingungen gehört sicherlich die Wahrnehmung der interindividuellen Variationen, auch die Abweichungen und Streuungen dürfen ganz gewiß nicht außer acht gelassen werden, wenn man in interindividuellen Versuchen verbindliche Aussagen nach Art von „Gesetzen" machen will. Wie weit die intraindividuelle Variation reichen kann, läßt sich unschwer an Wiederholungsversuchen beobachten. Übrigens läßt sich der gleiche Beweis auch aus dem von KATZ vorgelegten Material entnehmen. Während die Additionszeit für 2stellige Zahlen (S. 106) für die Einerreihe mit 16,3 Sekunden ausgewiesen wird, wurden auf S. 114: 11,2 Sekunden angegeben;

die Zehnerreihe differiert zwischen hier und dort von 17,1 zu 15,0 Sekunden!

Wenn von KATZ (S. 103) festgestellt wird, daß die von dem „großen For scher KRAEPELIN" unterschiedenen Faktoren wirklich auf die fortlaufende geistige Arbeit einen Einfluß gewinnen können, so ist damit doch gesagt, daß die von KRAEPELIN und PAULI angewendete Methode zu brauchbaren Ergebnissen geführt hat. Sicherlich geht es bei diesen Additionsversuchen darum, alle formativen Kräfte der geistigen Arbeit auf einige wenige zu reduzieren, die geistige Arbeit „von speziellen Handlungsentwürfen" zu befreien. Einfach ausgedrückt: KRAEPELIN und PAULI ging es zunächst um die Ermittlung der am Zustandekommen der Additionsleistung als einer Einfachleistung beteiligten Faktoren, die geistige Arbeit des Addierens wurde auf eine höchst einfache Form reduziert. Darüber waren sich alle an dem Arbeitsversuch beteiligten Forscher im klaren. Wenn PAULI den Arbeitsversuch als einen Universaltest gelegentlich angesprochen hat, so sicherlich nicht in der Meinung, daß mit diesem Versuch der Mensch qualitativ und quantitativ auslotbar sei und bis in die letzten Falten seiner seelischen Struktur durchschaubar gemacht werde, sondern vielmehr in dem Sinn, daß dieser Test im Gegensatz zu anderen Testverfahren trotz seiner Einfachstruktur komplexe Sachverhalte, also nicht nur elementhaft wirksame Faktoren, sondern ganzheitliche Erlebnisweisen angeht. Aus diesem Grund vermag ich zwischen den Ergebnissen von KATZ und denen früherer Forscher keine grundsätzliche Diskrepanz zu sehen.

Ob nun KATZ meines Erachtens mit Recht mit der Methode des Zahlenaddierens Versuche anstellt und diesen Arbeitsprozeß als einen zielgerichteten, sinnvollen, ganzheitlichen gelten läßt, oder ob die gleiche Methode als ein Universaltest bezeichnet wird, in beiden Fällen geht es um dieselbe Sache, nicht um eine ausschließlich elementhaft orientierte und einzelfaktoriell bestimmbare Aufgabe.

PAULI hat schon mehrere wirksame Faktoren festgestellt, bevor sich der Begriff Faktorenanalyse in der Psychologie überhaupt eingebürgert und durchgesetzt hat: lesen, schreiben, abschreiben, Geschlecht. Der Arbeitsprozeß an einem gegebenen Material (Zahlen) wird zunächst von der Art der Gesamtaufgabe (ein- oder mehrstellige Zahlen, kurze oder lange Arbeitszeiten) verstanden werden müssen, wenn die Einzelarbeit (Additionsleistung) als Teilaufgabe in sie eingeht. Auch darüber waren sich

die sogenannten Elementenpsychologen oder die atomistischen Psychologen bereits vor den „kritikfrohen" Gestaltpsychologen durchaus klar. Wenn KATZ feststellt, daß es so aussieht, „als erfolge eine verschiedene Einstellung auf die Zifferkolumnen in Abhängigkeit von deren Länge, die sozusagen reflektorisch eine der Reihenlänge angepaßte Energieverteilung zur Folge hat" (S. 110), so ist demgegenüber festzustellen, daß PAULI bereits 1935 den Einfluß der Einstellung genau untersucht hat. Er unterschied 5 charakteristische Fälle in der Arbeitsleistung: kurze bestimmte Arbeitsaufgabe (optimal); angeblich kurze, tatsächlich einstündige Arbeit ohne bestimmte Anhaltspunkte; Arbeit ohne bestimmte Anhaltspunkte betreffs Größe und Dauer; längere als einstündige Arbeit; überlange mehrstündige, kaum zu bewältigende Arbeit (bei effektiv geringster Arbeitsleistung).
Die von KATZ getroffene Feststellung, daß „die Anzahl der Fehler bei Unüberschaubarkeit des Materials viel größer sei (S. 112)" wurde gleichfalls von PAULI am gleichen Ort vorweggenommen. Bei Versuchen, deren Dauer der Versuchsperson nicht bekannt waren oder die unter der irrigen Annahme einer geringen Dauer durchgeführt wurden, ergab sich nicht nur eine quantitative Minderung, sondern auch eine qualitative Verschlechterung (1,5% Fehler beim Täuschungsversuch gegenüber 0,8% Fehler im Normalversuch).
Schließlich sei noch darauf hingewiesen, daß ganz gewiß PAULI nicht die qualitativen Nuancen des Arbeitsversuchs übersah, daß er nicht eine „maximale Atomisierung" derselben vorgenommen hat. Es ging ihm lediglich um die Gestaltung überschaubarer Versuchsbedingungen, nicht um die Eliminierung der „formativen Kräfte der geistigen Arbeit", sondern um ihre Bestimmung. Soviel soll und muß zur Verteidigung eines Verstorbenen, zu Unrecht als Elementenpsychologen verdächtigten, jedoch naturwissenschaftlich arbeitenden Psychologen gesagt werden. Schließlich spricht die Arbeitskurve als „ganzheitlicher Prüfungsversuch", als „Universaltest", als „charakterologischer Test" gegen elementenpsychologische Reduktionstendenzen, und zeigt deutlich, daß die komplexe Erlebnissituation in diesem relativ einfach gestalteten Arbeitsprozeß durchaus erkannt und anerkannt wurde. 1938 schreibt PAULI (S. 402): „Während man ursprünglich unter dem Einfluß KRAEPELINS in der Arbeitskurve im wesentlichen eine Darstellung der einzelnen Faktoren, besonders Ermüdung, Erholung, Übung und Antrieb gesehen hat,

ist man jetzt insofern weiter darüber hinausgekommen, als man in erster Linie in der Arbeitskurve die Ausprägung des typischen Gesamtverhaltens, den individuellen Arbeitstypus sieht, besonders hinsichtlich des Dauerverhaltens, das bei der praktischen Arbeit im Vordergrund steht"[1]. PAULIS Schlußfolgerung lautet: Die ganze Arbeitsweise und der Arbeitsverlauf müssen mit berücksichtigt werden.

Erfreulich ist es, heute festzustellen, daß beide Forscher, PAULI und KATZ, sachlich zu dem gleichen Ergebnis gekommen sind: Der Arbeitsversuch ist in der Lage, Gesetzmäßigkeiten bei psychischer Beanspruchung zu ermitteln, weil es sich um ein ganzheitliches Verfahren handelt.

b) *Lassen sich in dem komplexen Arbeitsversuch (nach* KRAEPELIN *und* PAULI) *konkrete Faktoren analytisch ermitteln?*

Die bis dahin vorliegenden faktoriellen Interpretationen gründen auf allgemein beobachteten Tatsachen und ihren Zusammenhängen. So wurde beispielsweise zwischen schriftlichem Addieren und nichtschriftlichem Addieren ein Korrelationskoeffizient von 0,76 ermittelt. Ähnliche Berechnungen wurden angestellt für Lesen, Schreiben, Abschreiben, schriftliches Addieren und nichtschriftliches Addieren. Desgleichen wurden Korrelationen (nach PEARSON) zwischen den verschiedenen Arbeitsleistungen einerseits und dem Lebensalter oder dem Geschlecht oder der Bildung sowie der Wiederholung andererseits ermittelt. Außer auf die oben erwähnten Faktoren hat PAULI auch noch auf die Bedeutung der Zwischenerlebnisse, besonders beim schriftlichen Addieren, hingewiesen sowie auf die Bedeutung des Kombinationsfaktors. All diese Variablen wurden jedoch nicht in Korrelationsmatrizen zusammengestellt und darum konnten auch keine gemeinsamen Faktoren extrahiert werden. In dieser Stufe der „Faktorenanalyse" wurde allerdings schon die polare Koexistenz von 2 Faktorpaaren bereits überschritten und als unzureichende Erklärungsgrundlage erkannt.

Eine erste Faktorisierung des Pauli-Tests im modernen Sinn wurde in Südafrika durch REUNING (1957) durchgeführt. Eine Interkorrelationsmatrix von 21 Testvariablen ergab 9 Faktoren, von denen 8 interpretiert

---

[1] Im gleichen Sinn äußerte sich später Achtnich (S. 14): „Der Kraepelinversuch ist kein Charaktertest im eigentlichen Sinne des Wortes, wohl aber gibt er Aufschlüsse über den Arbeitscharakter".

werden konnten, und zwar als Arbeitsgeschwindigkeit, Energie-Anstrengung, Anpassung, Festigkeit, Genauigkeit, Anfangsabfall, Alter und Ausdauer. Auffällig an dieser Faktorenanalyse waren die hohen Werte der Kommunalitäten, bei denen sich mehrere $h^2 > 1,0$ finden. Die geringsten h^2-Werte zeigen dabei der Anfangsanstieg (0,62) und der Spätgipfel (0,3–0,6) und auch das Alter (0,431). Zweifellos erscheinen diese 3 Werte recht einsichtig. Warum soll beispielsweise die faktorielle Struktur des Pauli-Tests altersmäßig abhängig sein?

5 Variable von den 21 Variablen gehen konform mit den entsprechenden Variablen beim Pauli-Test: Gesamtsumme (1,047), höchste 3-Minuten-Leistung (0,966), ferner die Maximumslage, die Streuungsprozente, die Zahl der Verbesserungen und die Zahl der Fehler.

Fraglich bleibt allerdings der Sprung von diesen Variablen zu den Faktoren. Welche Interpretationshilfe stand für diese Übersetzungsvorgänge zur Verfügung? Die Verwendung von abhängigen Variablen verfälscht erfahrungsgemäß die Kommunalitätsziffern; auffällig ist bei REUNING, daß mehrere h^2 größer als 1,0 sind. Aus Erfahrung an unserem eigenen Untersuchungsmaterial wurde ersichtlich, daß die Mitverwendung von abhängigen Variablen zu mehreren, die Erwartung übersteigenden Kommunalitätsziffern führte. Sicher muß ROBERTS in seiner Stellungnahme zu dieser Arbeit REUNINGS recht gegeben werden, wenn er Kritik daran übt, daß alle Faktoren aus demselben Test abgeleitet werden, wodurch sich unechte Faktoren in die Faktorenextraktion einschleichen können. „There is no escaping the conclusion for at least a dozen of the variates used, that values of intercorrelations obtained are, in practice, determined more by the relationships of the manipulations to each other, than by the test content" (S. 184). Aber ebenso sicher ist, daß man der psychologischen Faktorenanalyse, insbesondere auf Grund der Interpretation von rotierten Faktoren, nicht mit einer bedingungslosen Gläubigkeit anhängen darf, da diese Faktorenanalyse zu stark elementenhaft und zu wenig ganzheitlich in ihrer Interpretation gehalten ist. ROBERTS zitiert zahlreiche Gewährsleute, wonach die Faktorenanalyse nur ein Hilfsmittel und Anhängsel der psychologischen Forschung und nicht Selbstzweck sein dürfe.

Wir beschränken uns auf BERINGER als Gewährsmann: „... factor analysis is essentially a statistical technic which allows us to verify and specify with greater precision a hypothetical classification".

Bei einem Vergleich einer Faktorenextraktion von zum Teil abhängigen mit einer solchen aus nur unabhängigen Variablen wurde deutlich, daß die Unterschiede zwar zahlenmäßig ins Gewicht fallen, aber die Interpretationschancen keineswegs stören. Aus dieser Erfahrung heraus möchte ich das Bemühen REUNINGS keineswegs als einen Versuch voller Irrtümer und darum als vollkommen mißlungen ablehnen, sondern als ein notwendiges und ergiebiges Vorgehen bezeichnen, das sich allerdings seiner Grenzen bewußt sein muß. An dem Vorhandensein der von REUNING experimentell und rechnerisch ermittelten Faktoren kann kein Zweifel sein; die Faktoren, die gewissermaßen im Inzuchtverfahren geboren wurden, existieren, obgleich die Faktorenladungen sicherlich nicht in ihrer Größenordnung verbindlich sind.

Einen indirekten Beweis für die Berechtigung dieses Vorgehens darf man darin erblicken, daß eine Faktorenanalyse des Pauli-Tests auf Grund von unabhängigen Variablen (anderen Testverfahren) zwar teilweise zu positiven Korrelationen, aber keineswegs zu einer eindimensionalen faktoriellen Struktur und insbesondere nicht zu den gleichen Faktorladungen geführt hat. Wäre das letztere der Fall, so bestünde zwischen abhängigen und unabhängigen Variablen faktorenanalytisch gesehen kein Unterschied. Wäre gar kein positiv aufweisbarer Zusammenhang gegeben, so würde dies bedeuten, daß der Pauli-Test etwas ganz anderes untersucht und angeht als andere Untersuchungsverfahren. Dem ist aber nicht so; weder im ersten noch im zweiten Fall. Die Untersuchungen, welche im Psychologischen Institut der Universität Würzburg durch BÄUMLER, SIKU und HAMMER durchgeführt worden sind, können dafür einige Belege bieten.

So hat SIKU den Pauli-Test in Beziehung gesetzt zu: Bourdon-Test, Listenvergleich, Suchfeld, Registriertest, Zahlkarten-Ordnen und Werkzeichnungen-Ordnen. Es handelt sich hier um Untersuchungsverfahren, die sich vorwiegend als Verfahren zur Diagnose der Aufmerksamkeit bewährt haben (Tab. 5). Von den 54 Korrelationen sind 11 auf der 1%-Basis signifikant, 6 auf der 5%-Basis. Die ersteren umspannen den Bereich von —0,28 bis +0,37. Relativ hohe Korrelationen ergeben sich für die Additionssummen; lediglich für Zahlenkarten-Fehler und Werkzeichnungen-Fehler sind diese Korrelationen nicht signifikant. Die höchsten Korrelationen werden erreicht zwischen Additionssummen und Summen des *Bourdon-Tests* (r = +0,32). Dieses Ergebnis stimmt überein mit einer auf einer Zahl von 400 Vpn. basierenden Untersuchung BECKERS, der die Arbeitskurven nach PAULI und nach BOURDON miteinander in Beziehung brachte (vgl. Abb. 5), wobei sich eine auffallende Ähnlichkeit einschließlich des Anfangsabfalls ergab. Relativ hohe Korrelationen sind sowohl zwischen Pauli-Test und Listenvergleich, sowie Registriertest zu verzeichnen. Die Gemeinsamkeit in dieser Korrelation dürfte auf die Notwendigkeit eines gewissen Umfangs der Aufmerksamkeitsbeteiligung in jedem Test zurückzuführen sein. Die Fehlerprozentzahl bei PAULI korreliert relativ hoch mit der Bourdon-Fehlerprozentzahl (+0,31) sowie mit der Suchfeld-Zeit (+0,37). Die Erklärung für die letztere Übereinstimmung dürfte darin zu suchen sein, daß beim Suchfeld Fehler-Möglichkeiten nicht realisierbar sind, daß aber die Qualität der Leistungen in der Zeitnote berücksichtigt wird. Das Vorhandensein eines gemeinsamen Aufmerksamkeitsfaktors läßt sich aus den relativ hohen Korrelationen zwischen dem Schwankungsprozent nach PAULI einerseits und dem Listenvergleich ($r = -0{,}23$), sowie der Summe des Registriertests ($r = -0{,}25$) und dem Zeitwert des Suchfeldes ($r = 0{,}32$) entnehmen. Von allen hier verwendeten Aufmerksamkeitstests erreicht die Suchfeld-Methode die höchste Korrelation mit dem Pauli-Test. Dieses bedeutet, daß in beiden Fällen gleiche Faktoren beteiligt sind, bei denen sicherlich die Aufmerksamkeitsspannung die größte Bedeutung hat. Bei näherer Betrachtung stellt sich also heraus, daß die hier verwendeten Verfahren vorwiegend die Aufmerksamkeit beanspruchen. Gleichzeitig wird durch die Korrelationsmatrix die Feststellung MEILIs bestätigt, wonach die Korrelation zwischen Tests, sie so ausschließlich die Aufmerksamkeit ins Spiel zu setzen scheinen, keine allzuhohen Korrelationskoeffizienten (in der Regel $< 0{,}3$) erreichen. Mit den verschiedenen Aufmerksamkeitstests hat der Pauli-Test im ganzen gesehen zwar eine beachtenswerte, aber keine überwiegende Korrelation, ein Zeichen, daß in ihm andere Faktoren außer dem der Aufmerksamkeit von ungleich größerem Einfluß sein müssen.

Ein nahezu gleichartiges Ergebnis erbrachten Untersuchungen, die die Korrelation des Pauli-Tests mit vorwiegend intelligenz-abhängigen Eignungsuntersuchungsverfahren (Meldungswiedergabe, Analogie-Test, Lückentest, Charkow-Test, Zahlenreihen-Fortsetzen, Wasserbehälter) feststellten. Interessant sind in unserem Zusammenhang die Interkorrelationen der Eignungstests und die Interkorrelationen der Pauli-Test-

Variablen (Tab. 6 und 7). Größer als die Interkorrelationen der Pauli-Test-Variablen sind die Korrelationen der Pauli-Variablen mit den Eignungstests (Tab. 8). Ein Beweis, daß das Arbeiten mit Interkorrelationen beim Pauli-Test eine mühsamere und zweifellos weniger erfolgversprechende Arbeit ist als das Arbeiten mit unabhängigen Variablen. Aber als sinnlos stellt sich dieses Vorgehen gleichfalls nicht dar.

Schließlich seien weitere Kontrolluntersuchungen, die einen Vergleich der Ergebnisse des Pauli-Tests mit denen des Intelligenz-Struktur-Tests nach AMTHAUER zum Ziel haben, als Beweismaterial dafür angeführt, daß der Pauli-Test für sich eine durchaus eigene Teststruktur besitzt. Auch diese Untersuchungen gründen wie die unter a und b auf eine n-Zahl von 330 (Tab. 9). Von den 60 Korrelationskoeffizienten überschreiten nur 11 die Signifikanzgrenze auf der 5%-Basis, 4 Korrelationskoeffizienten sind signifikant mit nur 1% Gegenwahrscheinlichkeit. Bemerkenswert ist, daß auch diese Korrelationskoeffizienten relativ niedrig liegen. Sprachliche Intelligenz und Additionsleistung haben nur sehr wenig miteinander zu tun, Merkaufgaben und Additionssumme korrelieren mit r = 0,18. Es handelt sich um eine geringe Übereinstimmung mit beiden Variablen, die wohl auf einer allgemeinen Merkfähigkeit beruht, die weder an sprachliche noch an zahlenmäßige Inhalte gebunden ist. Eine relativ hohe Korrelation weist dagegen der Subtest „Zahlenreihen" mit der Summe aller Additionen auf (+ 0,36). Damit ist gesagt, daß an beiden Verfahren die Umgangsfähigkeit mit Zahlen zu 13% beteiligt ist. Eine etwas niedrige, aber immerhin beachtenswerte Korrelation ergibt sich zwischen dem Subtest „Rechenaufgaben" und der Additionssumme (r = 0,25). Die Korrelation der Summe aller Rohwerte in dem Intelligenz-Struktur-Test mit dem Fehlerprozent in Höhe von 0,18 beweist, daß gute Intelligenzleistungen mit einer verminderten Anzahl von Fehlleistungen gekoppelt sind. Im gleichen Sinne ist bezeichnend, daß Aufgaben und Zahlenreihen als Subtests mit dem Fehlerprozent beim Pauli-Test nahezu gleichartig korrelieren (—0,16; —0,15). Im Sinne der Faktoren „allgemeine Anpassungsfähigkeit" und „Stetigkeit" ist der Korrelationskoeffizient von 0,30 zwischen Rechenaufgaben und Schwankungsprozent zu interpretieren.

Allgemein gilt, daß zwischen dem Intelligenz-Struktur-Test und dem Pauli-Test verhältnismäßig geringe Beziehungen bestehen, daß dagegen zwischen gewissen Subtests des Intelligenz-Struktur-Tests und dem Pauli-

Test beachtenswerte Korrelationen sich ausweisen. Diese Feststellung ist von Bedeutung bezüglich der faktoriellen Interpretation der beim Pauli-Test auftretenden Einzelfaktoren. Eine Bestätigung der multidimensionalen Struktur des Arbeitsversuches erbringt eine japanische Arbeit: Kakuo Ito, „Factorial studies on the work curve of Uchida-Kraepelin psychodiagnostic test". Diese Arbeit ermittelt fünf Faktoren und benennt sie wie folgt: Numerical ability, Mental fatigue, Volitionaltension, Excitation, Mental energy level. Die weitgehende terminologische und damit auch sachliche Übereinstimmung mit den von Reuning bezeichneten Faktoren ist offenbar. Darüber hinaus ist aus der faktorenanalytischen Literatur noch zu bemerken, daß der Niederländer De Wolff im Rahmen einer Batterie-Analyse dem Arbeitsversuch nach Kraepelin einen perceptual speed factor zuordnet, der auch im *Bourdon-Test*, beim „Zahlenvergleich" und beim „Namensvergleich" mitenthalten ist.

Überblickt man das Ergebnis der Kontrolluntersuchungen, so ergibt sich, daß der Pauli-Test weder mit reinen Intelligenztests noch mit vorwiegend auf Aufmerksamkeit abzielenden Untersuchungsverfahren und mit reinen Leistungsaufgaben überzeugend korreliert. Auf der anderen Seite überschreiten jedoch die aufgewiesenen Korrelationen zu einem erheblichen Teil die Signifikanzgrenze, so daß gefolgert werden muß, daß im Pauli-Test die in den Kontrolltests angegebenen Fähigkeiten angesprochen werden. Trotz seiner außerordentlich einfachen Struktur handelt es sich also doch um ein zusammengesetztes komplexes, ganzheitliches Untersuchungsverfahren, was faktorenanalytisch zu beweisen war. Die in den Kontrolluntersuchungen aufgewiesenen Einzelfaktoren (Zahl, Aufmerksamkeit, Anstrengung, Energie und Ausdauer, Geschwindigkeit, Genauigkeit, Anpassung) finden sich auch unter den auf der Basis abhängiger Variabler von Reuning festgestellten Faktoren.

Da die Faktorenanalyse Auskunft geben muß über die psychischen Dimensionen und Eigenschaften, die in den der Analyse zugrunde liegenden Verfahren stecken, galt es, den Pauli-Test zu möglichst vielen Variablen in Beziehung zu bringen.

Walter Schneider führte 1963 eine interne Faktorenanalyse des Arbeitsversuchs durch und interpretiert den ersten Faktor als Leistungseinstellung, den zweiten als vitale Energie, welcher für diese Leistung frei wird, den dritten Faktor als innerpsychische Störungen, den vierten als reservierten Einsatz (Sparsamkeit im Umgang mit der psychischen Energie). Kritisch ist hierzu anzumerken, daß eine solche interne Faktorenanalyse, wenn sie nicht im Sinne von REUNING etwa durch die Komponentenanalyse weitergeführt wird, wenig ergiebig ist.

BÄUMLER (1964) hat die Pauli-Test-Leistung unter besonderer Berücksichtigung des numerischen Faktors untersucht und dabei 13 Verfahren in seine Analyse aufgenommen: Pauli-Test-Leistungsmenge, Aufaddieren im Kopf (als speed-Orientierung und als Genauigkeitsorientierung); Zahlenfinden, Bourdon-Test, Zahlensymbol-Test, rechnerisches Denken, Rechenaufgaben, Intelligenz-Struktur-Test (Form A und B), Mosaik-Test, allgemeines Verständnis nach HAWIK, Gemeinsamkeitenfinden, Analogien bilden. Es werden drei Hauptfaktoren gefunden:

Faktor A – mit recht hohen Ladungen – interpretiert als Interferenz-Funktion.

Faktor B: Unterdrückung schwacher Handlungstendenzen zugunsten stärkerer; er wird als Arbeitsgeschwindigkeit, Wahrnehmungsgeschwindigkeit oder Reaktionsgeschwindigkeit interpretiert (Aktivierungsdimension).

Faktor C: begriffliche Abstraktion, sinngemäßes Operieren mit Begriffen und Symbolen, Intelligenzfaktor.

Beachtenswert ist die Größe der Kommunalität von 0,772 d.h., daß 77% der Varianz aufgeklärt werden konnten, wobei der Faktor B mit 38% an der Spitze steht. BÄUMLER macht darauf aufmerksam, daß im Faktor B dynamische, motivationale Komponenten stecken.

Korrelationen des Pauli-Tests mit dem HAWIK- und Zahlensymbol-Test in Höhe von 0,61 und mit dem Picture-Frustration-Test in Höhe von 0,44 errechnete SCHÄFER. In einer von STANZEL durchgeführten Analyse mit 24 Variablen ergab die Interpretation drei Faktoren:

geringe Störbarkeit bei anstrengenden Differenzierungsaufgaben, Bedürfnis nach Demonstration der eigenen Leistungsbereitschaft, Verdrängung bzw. Aktivierung von aggressiven Vorstellungsinhalten.

BAUMHOF untersucht den Zusammenhang zwischen Pauli-Test-Variablen und Rorschachtest-Variablen und gewinnt als Faktoren: 1 = Integration, 2 = stärkeres Persönlichkeitsgefüge als eigengestaltetes klarbewußtes Verhalten (Willensfunktion), 3 = Fluenz der assoziativen Reaktionen, kognitive Einordnung und Differenzierungsfähigkeit.

Daß im Pauli-Test „Persönlichkeits- und Motivationsstrukturen" zumindest in Verbindung mit anderen Untersuchungsmethoden sich zuverlässig ermitteln lassen, beweisen die Untersuchungen von IRIS TRÖGER über die unterschiedliche Charakterartung und Motivationsstruktur von 2 Berufsgruppen (Einzelhandelslehrlinge und Krankenschwesternvorschülerinnen).

Vergleicht man diese Faktorenanalysen interner und externer Natur in ihren Ergebnissen, so ergibt sich folgende allgemeine Interpretation der im Pauli-Test wirksamen Faktoren: Vitalität, Temperament, Wille, Motivkräfte, Intelligenz. Jeder Faktorenanalytiker muß sich dabei im klaren sein, daß die von ihm erreichten Kommunalitäten begrenzt sind und daß die Interpretation der extrahierten Faktoren (auch nach der Rotation) subjektive Komponenten mitbeinhaltet. Darum ist die Bemühung um eine oberbegriffliche Synthese nicht nur ein erlaubtes, sondern auch ein gebotenes Mittel, um die Streuungsdifferenzen, die teilweise durch die verwendeten Variablen und Parameter bedingt sind, auszugleichen, und um die aufgetretenen Differenzen, die zu einem großen Teil durch subjektive Interpretation veranlaßt sind, psychologisch gerecht zu fassen.

c) *Arbeitsdauer, Leistungsgröße und Leistungsgüte als Beweis für die multidimensionale Struktur des Pauli-Tests*

Von gestaltpsychologischer Seite wurde darauf hingewiesen, daß man wenig gewinne durch Heranziehung der Faktoren, die KRAEPELIN bei der Analyse der Arbeitskurve benutzt hat (KATZ, S. 107). Dies gelte für die Faktoren Übung und Ermüdung, aber auch für Gewöhnung und Anregung. Die wirkliche Erklärung der Versuchsergebnisse müsse von ganzheitlichen Gesichtspunkten ausgehen.

Dieser Forderung ist in vollem Umfang zuzustimmen. Eine Faktorenanalyse muß aber auch mehr sein als die Benennung von komplexen Prozessen durch allgemeine Ausdrücke; die Analyse sucht die Grundlage der Komplexerlebnisse festzustellen. Dieser Analyse muß die ganzheitliche Schau als komplementäres Faktum gegenüberstehen. Während letztere eines Problems allgemein ansichtig wird, versucht die Analyse den Komplex zu durchdringen und die seine Struktur bestimmenden einzelnen Faktoren so genau wie möglich zu ermitteln. Dabei kann und soll die Analyse vorgefaßte ganzheitliche Anschauungsweisen prüfen, bestätigen oder korrigieren.

Der von KATZ erbrachte Nachweis, daß die Additionszeiten für einstellige Zahlen gegenüber den Additionszeiten für zwei- oder dreistellige Zahlen geringer sind, daß also die Additionszeiten der Zehnerreihen größer sind als die für die Einerreihen (um 5 bis 8%), daß die Additionszeiten für die Hunderterreihen größer sind als die für die Zehnerreihen, ist keineswegs gegen alle Erwartung; ebensowenig ist es gegen die Erwartung, daß die Fehlerhäufigkeit in den Einerreihen von den einstelligen zu den dreistelligen Additionen abnimmt (von 22,8 auf 7,4%). Wenn man als Erklärungsgrund dafür den Umstand heranzieht, daß die „Proaktivität" der nachfolgenden Kolumne sich nicht nur in der Einerreihe als Bremsung der Rechenzeit auswirkt, sondern auch auf die Sicherheit des Arbeitsprozesses, so ist damit zwar ein neuer Ausdruck und damit einer der möglichen Erklärungsgründe ausgesprochen, aber keineswegs etwas Neuartiges entdeckt. Von der Art und dem Umfang der Arbeitsaufgabe, der Einstellung der Versuchsperson (Aufgabe: kurz, angeblich kurz, aber tatsächlich einstündig, unbestimmt, länger, überlang) ist die Arbeitsleistung erheblich abhängig, was PAULI aber bereits sehr exakt nachgewiesen hat, und zwar in den Beiträgen zur Kenntnis der Arbeitskurve (1936, S. 507). Hier hat PAULI den maßgebenden Einfluß, den die Kenntnis des Arbeitsumfanges ausübt, deutlich herausgehoben. Damit ist die „Proaktivität" abgegrenzt und genau bezeichnet und diese ganzheitliche, allgemeine Bezeichnung faktoriell spezifiziert.

Mit Hilfe der Arbeitskurve konnte folgendes allgemein wichtige Gesetz ermittelt werden: das Bewußtsein der Arbeitsdauer beeinflußt die Größe der Leistung. KATZ (S. 106) stellt die Behauptung auf, daß vom Standpunkt der atomistischen Psychologie (wozu er auch PAULI rechnet) zu erwarten sei, daß die Additionszeiten für die Einer- und Zehnerreihen in den zweispaltigen Zahlen und die Additionszeiten für die Einer-, Zehner- und Hunderterreihen in den dreispaltigen Zahlen ungefähr gleich groß ausfallen. Diese Behauptung, die den sogenannten atomistischen Psychologen unterschoben wird, ist natürlich ohne Angabe der Quelle, aus der sie bezogen wurde. Demgegenüber ist festzustellen, daß PAULI (1936, S. 506) ein Gesetz folgenden Inhalts formuliert hat: „Je größer die beabsichtigte bzw. geforderte Leistung, desto geringer die tatsächliche". Wenn KATZ verkündet, „es ist also nicht so, daß die Verlangsamung des Rechnens eine größere Sicherheit desselben garantiert, vielmehr macht sie die Unüberschaubarkeit der Aufgabe in doppelter Weise geltend, in ver-

Synoptische Darstellung der Ergebnisse von Komponenten- und Faktorenanalysen des Pauli-Tests

Autor \ Faktoren	Motivkräfte (Wille)	Vitalität, Temperament (Anpassungsfähigkeit)	Numerische Intelligenz
Reuning (intern)	Energie, Ausdauer, Widerstandskraft (b)	Arbeitsgeschwindigkeit (a) Stetigkeit (d) Genauigkeit, Sorgfalt (e) schneller Einsatz (c) (vitale Lebendigkeit) Alter (g)	Anfangsabfall (f)
Reuning (Prinzipalkomponenten)	Energie, Ausdauer, Motivation	Extraversion Introversion Anpassungsfähigkeit	Quantität
Siku (Hammer, Bäumler)	Leistungsqualität Aufmerksamkeitsspannung	Allgemeine Anpassungsfähigkeit, Stetigkeit	Umgangsfähigkeit mit Zahlen
Kakuo Iko (intern)	Volitional-tension (3)	mental fatigue (2) excitation (4)	numeral-ability (1) mental energy level (5)
De Wolff (1960)		perceptual speed factor	
Schneider (intern)	Leistungseinstellung (habituell) (I) Vitale Energie Aktivierung (II)	Innere psychische Störung (III) Reservierter Einsatz (Sparsamkeit im Umgang mit psychischer Energie) (IV)	
Bäumler (1964)	Arbeits-, Wahrnehmungs- und Reaktionsgeschwindigkeiten (B) als dynamisch motivatorische Komponenten (Aktivierung)	Interferenz (A) (Geringe Störanfälligkeit)	Sinngemäßes Operieren mit Begriffen, Symbolen (Intelligenz) (G)
Bäumler und Weiß (1966)		Geringe Interferenzneigung (C)	Erkennen und Ergänzen von regelhaften Beziehungen bei anschaulichen (figuralen) Anordnungen (A)
Bäumler und Weiß (1967)	Allgemeine, undifferenzierte Leistungsmotivation (A) (Hoffnung auf Erfolg, Furcht vor Mißerfolg)	Interferenz (C)	allgemeine Intelligenz (DI) sprachfreie Intelligenz (EII)
Bäumler und Dvorak (1969)	Gesamtleistungsmotivation	Speed-Faktor: (Konzentration, energievoller Arbeitseinsatz, assoziative Flüssigkeit, Munterkeit)	
Stanzel	Leistungs- und Sozialmotivation (F)	Aktivierung von aggressiven Vorstellungsinhalten (G) Geringe Störbarkeit bei anstrengenden Differenzierungsaufgaben (B)	
Baumhof	eigengesteuertes, klar bewußtes Verhalten (2)		Kognitive Einordnung (Fluenz assoziativer Reaktionen, Differenzierungsfähigkeit) (3)

mehrter Rechenzeit und verminderter Sicherheit", so widerlegt er damit seine eigene falsche Vermutung, keineswegs aber die Behauptung PAULIs, der jahrelang vor KATZ Arbeiten über die Bedeutung des Arbeitsumfanges für das Leistungsergebnis veröffentlicht hatte.

Daß es sich bei Additionen mit ein-, zwei- oder dreistelligen Zahlen um ungleich schwierige Aufgaben handelt, dürfte wohl jedem, also auch dem „atomistischen" Psychologen PAULI selbstverständlich gewesen sein. Es ist also sicherlich keine neuartige Feststellung, sondern nur eine neue Formulierung, wenn gesagt wird, daß jeder Komplex von Aufgaben für die in sie eingehenden Teilaufgaben gewissermaßen eine neue Atmosphäre schafft, derzufolge sich ihr Charakter ändern kann.

Welche Dimensionen jedoch in dem Pauli-Test stecken, läßt sich erst mit faktorenanalytischen Untersuchungen auf der Basis von Interkorrelationen oder auf der Basis unabhängiger Variabler feststellen. PAULI hat dazu eine wesentliche Vorarbeit geleistet, indem er den Anteil der Rechenzeit, der Schreibgeschwindigkeit und der Lesezeit an der Additionsleistung bestimmte. Aber auch die Gefühlsbeteiligung der Arbeit (Lust, Unlust, Unbestimmtheit), worauf auch schon KRAEPELIN hingewiesen hat, und das vorherige Wissen um die Größe der Arbeitsleistung bezeichnete PAULI als einflußreiche Arbeitsfaktoren.

Zu einer gleichartigen Feststellung, daß nämlich die Frage nach der Existenz eines oder mehrerer leistungsbedingter Faktoren im Arbeitsversuch irrelevant ist, kommt übrigens LIENERT aus Anlaß der Feststellung der Menge-Güte-Konkomitanz im Arbeitsversuch. LIENERT meint, daß es mindestens zwei Typen von Versuchspersonen gibt. Die einen (positive Konkomitanz) unterscheiden nicht zwischen Leistungsstreben und Gütekontrolle (sie arbeiten mehr und auch besser), die anderen konzentrieren sich auf Leistungsmehrung oder auf Fehlerverminderung. LIENERT schlußfolgert: „Die experimentelle Analyse verweist uns auf das Gebiet der differentiellen Psychologie" (S. 84f.).

Besondere Einflußfaktoren

Da die Auswertung des Arbeitsversuches nach der Additionssumme, der Anfangsleistung, dem Anfangsabfall, der Steighöhe, der Lage des Gipfels, nach Schwankung und Fehler verfolgt werden kann und jeder dieser Faktoren polar auftritt, ergeben sich 128 formale Differenzierungsmöglichkeiten der Kurve. Gewiß für die Deutung ein hinreichend differenziertes Gittersystem, welches einerseits einer willkürlichen Interpretation Schranken setzt und auf der anderen Seite freien Interpretationen hinreichend freie Bahn läßt.

Eine Zusammenstellung von Normwerten (n = 803) findet sich in der Arbeit von ACHTNICH (1946, s. Abb. 11). ACHTNICH weist auf die die Arbeit begleitende Motivierung ebenso hin wie darauf, daß das Wesen der geistigen Arbeit einem bloßen Ablauf eines Energievorrates widerspricht. Durch die Bemühungen von ACHTNICH wurde der Pauli-Test der Erziehung und Berufsberatung praktisch dienstbar gemacht. Mit Recht stellt auch er fest, daß der Pauli-Test weder ein Intelligenztest noch ein perfekter Charaktertest ist, wohl aber, daß er in der Lage ist, „ein Gesamtbild des momentanen Arbeitsverhaltens bei einer intellektuellen, automatisierten Tätigkeit zu verschaffen". Beachtenswert ist an diesen Tabellen, daß je Altersstufe eine durchschnittliche Mengenzunahme um 220 Additionen erwartet werden darf. In der Mengenleistung liegen die Knaben durchschnittlich höher als die Mädchen, und zwar im Mittel um 21 Additionen. Für das männliche Geschlecht ist sodann eine größere Variabilität der Streungswerte kennzeichnend. Streuungsbreite 316 gegenüber 255 Additionen bei den Mädchen. Eine bereits seit LIPPMAN feststehende Einsicht wird also hier erneut bestätigt, nämlich die Überlegenheit der Knaben bezüglich Richtigkeit und Schnelligkeit der Leistungen und bezüglich des schnelleren Verständnisses. Über die Ergiebigkeit der diagnostischen Methode nach dem PT sagt ACHTNICH auf Seite 107 zusammenfassend: positive Arbeitsleistungen werden von keinem Schwachsinnigen errungen, sie lassen eine gute oder durchschnittliche Intelligenz erwarten, und negative Arbeitsleistungen werden nie von gut Begabten oder höchst selten von durchschnittlich begabten Kindern getan. Sie lassen vielmehr Debilität oder eine schwere geistige oder seelische Gehemmtheit vermuten.

1. Was das *Alter* angeht, so ist besonders die Zeit zwischen Kindheit und Erwachsenenalter untersucht worden. Schüler, Studierende Berufsschüler und Berufsanwärter standen für umfangreiche Erhebungen mit dem Pauli-Test zur Verfügung. Am meisten fällt der Leistungsanstieg mit wachsendem Alter ins Auge. Der Anstieg der Leistungsmenge auf das Doppelte bis Dreifache erfolgt aber nicht regelmäßig im Sinne einer steten Zunahme mit wachsendem Alter. Die Sprünge sind sehr unterschiedlich. Auffallend war früher ein Rückschlag, den das 14. Lebensjahr mit sich brachte. Bei Mädchen verschob sich diese „negative" Phase um ein Jahr nach vorn (POHL).

Nach den neuesten Untersuchungen tritt im Stadium der Vorpubertät keine Steighöhe der Kurve auf (bzw. eine negative). Bei 80% der 13jährigen fehlt die Steighöhe; bei den oberen 20%, deren Leistungskurve einen Anstieg zeigt, ist ein stärkerer Einfluß der eingetretenen Pubertät zu vermuten. Mit der Pubertät nehmen Leistungsmenge und Steighöhe zu; eine größere Steighöhe ist bei 60% der 15jährigen und bei 95% der 18jährigen zu beobachten. Danach tritt eine stetige Verbesserung der Leistung bis etwa zum Alter von 21 Jahren beim männlichen Geschlecht auf. Bei Studentinnen steigerte sich die Leistung noch nach dem 21. Lebensjahr (Tab. 2 und 2a). Es ist zu vermuten, daß bei höherem Alter, besonders im Greisenalter, die Leistungen absinken (vgl. Abb. 23).

Bei Kindern und Jugendlichen ist die Arbeitsgüte – verglichen mit der der Erwachsenen – herabgemindert. Der Verlauf der Arbeit – im wesentlichen gleichartig – zeigt ebenfalls charakteristische Verschiedenheiten in bezug auf die des Erwachsenen. Der Tiefpunkt wird von der dritten auf die zweite Teilleistung vorverlegt; die Gipfelleistung tritt ebenfalls früher auf (um etwa 3 Minuten).

Die Ermüdbarkeit tritt bei den Jugendlichen eher auf, entsprechend der nicht ausgereiften Konstitution. Bei 11- und 12jährigen ist diese Erscheinung schon nach einer halben Stunde erkennbar.

Sehr deutlich ist der Alterseinfluß bei der Schwankung; sie nimmt mit zunehmender Reife ab, d.h. sie sinkt von $\pm 7\%$ auf $\pm 3\%$ beim Erwachsenen. Die Stetigkeit des Verhaltens erweist sich so als typisches Altersmerkmal.

2. Der Einfluß des *Geschlechtes* gibt sich zunächst bei volksschulentlassenen Erwachsenen kund derart, daß die männliche Leistung der weibli-

chen der Menge nach im Durchschnitt überlegen ist. (nach PAULI). Dabei erstreckt sich die Verschiedenheit auf alle Teilleistungen, so daß die weibliche Arbeitskurve unterhalb der männlichen verläuft; jedoch so, daß der Abstand anfänglich – während der ersten 12 Minuten – mit etwa 20 Additionen ungefähr doppelt so groß ist wie später: ein Beweis, daß die Verschiedenheit z.T. mit der Einstellung und Anpassung zusammenhängt. Sie ist beim weiblichen Geschlecht schwächer ausgeprägt als beim männlichen. Die quantitative Minderleistung wurde auch bei Kindern bestätigt.

Diese Angaben gelten für den Durchschnitt. Unterscheidet man feiner, d.h. nach der bekannten Dreiteilung:

Normal (mittlere 50% der Rangordnung),
Unteres Viertel (untere 25% der Rangordnung) und
Gutes Viertel (obere 25% der Rangordnung),

so gilt das Gesagte ausschließlich für die breite Norm. Im Bereiche des unteren Viertels ist das Übergewicht deutlich – quantitativ und qualitativ – auf weiblicher Seite; umgekehrt liegen die Verhältnisse bei den Spitzenleistungen. Aus alledem ergibt sich die bekannte Gesetzmäßigkeit von der größeren männlichen Variabilität; sie kommt auch in der reicheren Mannigfaltigkeit der typischen Arbeitsverläufe zum Ausdruck (bei doppelt ausgeglichenen Kurven).

Zur Vervollständigung des Bildes dient die wichtige Feststellung, daß sich innerhalb des weiblichen Kollektivs *über 25%* Individualleistungen befinden, *die den männlichen Durchschnitt erreichen oder überschreiten*: eine Tatsache, die gerade bei Berufseignungsuntersuchungen nicht übersehen werden darf. Ferner sei erwähnt, daß das in Rede stehende Verhältnis männlicher und weiblicher Leistungsfähigkeit nicht gilt für das ausgesprochene *Jugendalter* (14–18 Jahre einschließlich), sofern hier ein *vorübergehender weiblicher Vorsprung* festzustellen ist, der die Frage der Koinstruktion berührt im Sinne einer Benachteiligung der Mädchen. Männliche und weibliche Studenten unterscheiden sich nicht signifikant. Ein verhältnismäßig hoher Leistungsstand wird heute bei volksschulentlassenen Mädchen schon im 17. Lebensjahr erreicht, während das männliche Geschlecht zeitlich in der Entwicklung der Leistungsfähigkeit retardiert ist. Das männliche Geschlecht kommt an die Leistungskapazität der Erwachsenen mit 18 Jahren heran (Abb. 26).

Auch sonst zeigen sich noch manche Unterschiede:
Kurzdauernde Arbeit ist für die Entfaltung der weiblichen Leistungsfähigkeit ungünstig. Das weibliche Geschlecht geht gewissermaßen haushälterisch mit seinem Kräftevorrat um, verzögert die Gipfelleistung (um etwa 5 Minuten) und scheut den rücksichtslosen Einsatz: ein Verhalten, das sich auch im Sport zeigt. Es paßt dazu die größere Widerstandsfähigkeit der Frauen gegenüber Krankheiten und sonstigen Schädigungen des Lebens, während der Mann auf augenblickliche Kräfteverausgabung und somit vorzugsweise auf den Kampf mit der Umwelt abgestellt ist. Charakteristisch ist ferner die Stellung der Frau zum unpersönlichen sachlichen Rechnen in gefühlsmäßiger Hinsicht; die deutliche Verschiebung in Richtung auf Unlust erlaubt nicht, auf die geringe weibliche Leistungsfähigkeit als solche zu schließen. Sie kommt erst voll zur Geltung, wenn das persönlich-soziale Moment mitspricht, und bietet so eine Bestätigung auch sonstiger Lebenserfahrungen.

3. *Soziologische und sozialpsychologische Faktoren.* Alter und Geschlecht sind gewiß die wichtigsten individuellen Unterschiede. Danach kommen bestimmte *Umweltdifferenzen* konstanter Art wie *Stadt und Land:* das fortlaufende Addieren (als Kurztest an vielen Hunderten von Schülern durchgeführt) entschied früher zugunsten des Landes. Es mag offen bleiben, ob die stärkeren Ablenkungseinflüsse der Stadt, insbesondere der Großstadt, oder ob die andere Unterrichtstechnik auf dem Lande mit ihrer vermehrten Wiederholung und Schulung oder ob schließlich beides die Ursache waren.
Die Unterschiede zwischen *Stadt und Land* lassen sich heute nicht mehr in dieser Deutlichkeit wie früher aufweisen. Gleiche Personen-Gruppen im Vergleich (volksschulentlassene Jugendliche) differieren im Arbeitsversuch wenig. Auch landsmannschaftliche Unterschiede fallen immer weniger ins Gewicht. Die Gründe hierfür sind wohl in den verbesserten Kommunikationsmöglichkeiten (Rundfunk, Fernsehen, Film, Auto usw.) zu erblicken (vgl. PAULI-ARNOLD, S. 230). Stärker als landsmannschaftliche Differenzen (Tab. 12) fallen *Bildungsunterschiede* ins Gewicht (s. Tab. 13).
Schon seit 40 Jahren werden Normwerttabellen erstellt (s. bes. Tab. 1). Bei ihrem Vergleich zeigen sich Leistungsverschiebungen im Sinne eines *Leistungs(Begabungs-)wandels.* Deutlich ist die Zunahme der Leistungen

im Laufe der letzten 30 Jahre. (Vgl. hierzu auch MARCA, S. 8. Über die möglichen Gründe dieser Leistungsänderung siehe ARNOLD 1968 bzw. 1960). Mit überzeugendem Beweismaterial hat auch D. RÜDIGER, der Durchschnittswerte von 10jährigen (n = 475) aus dem Jahre 1961 angibt, gezeigt, daß seine im Vergleich zu den älteren Normtabellen höher liegenden Werte der Untersuchung von 1961 auf keinem Zufall beruhen" (S. 189).

Der Rückgang der Additionsleistungen in den oberen Volksschulklassen seit 1961 ist im wesentlichen zu erklären mit dem gesamten Rückgang des Leistungsniveaus an den Volksschulen nach der 4. Klasse. Es ist eine bekannte Tatsache, daß rund die Hälfte, in den Städten weit mehr als die Hälfte aller Volksschüler, nach dem 10. Lebensjahr die Volksschule verläßt, um in die höhere Schule einzutreten. Da die weiblichen Jugendlichen diesen Prozeß des Übertritts von der Volksschule in die höhere Schule nicht in dem Umfang mitgemacht haben wie die männlichen Jugendlichen, liegt deren Klassen-Niveau über dem der männlichen. Zum anderen kommt hinzu, daß besonders bei den 13- und 14-jährigen weiblichen Jugendlichen in der Gesamtentwicklung ein Vorsprung vor den männlichen Jugendlichen vorhanden ist. Würde man den früheren Prozentsatz der Volksschulabgänge (in die höheren Schulen) rechnerisch beibehalten, dann würde sich dadurch die Additionsleistung der Volksschulabgänger zwangsläufig erhöhen.

Der Beweis, daß die höheren Schüler in ihren Pauli-Test-Leistungen um mehrere Hundert Additionsleistungen pro Stunde höher liegen als die Volksschüler, wurde schon 1951 veröffentlicht; d.h. es fand eine Verbesserung um rund ein Sechstel der Gesamtleistung statt, bzw. eine qualitative Verbesserung um rund 15%.

Heute sind jedoch die Differenzen zwischen Volksschülern und höheren Schülern größer geworden eben wegen des oben beschriebenen Auslaugungsprozesses, durch welchen die qualifizierten Abwanderer von den Volksschulen vorwiegend den höheren Schulen zugute kamen:

Es ist also geboten zu unterscheiden zwischen den Durchschnittsleistungen von Volksschülern und denen der höheren Schüler und Studierenden. Diese Unterscheidung macht deutlich, daß die im Pauli-Test abgeforderten Leistungsfaktoren ungleich stark in den verschiedenen Bildungsorganisationen, also stufenmäßig verschieden, aktualisiert sind:

Je höher die Bildungsorganisation in ihrem Niveau, umso höher die Leistungen im Pauli-Test, Normalfälle vorausgesetzt. Eine solch differenzierte Betrachtung nach Bildungsstufe, Geschlecht und Alter unterstreicht die schon 1961 vertretene These, daß nämlich in allen drei Gruppen Vergleichsuntersuchungen mit Deutlichkeit eine allgemein verbreitete Zuneigung zum zahlenmäßigen Manipulieren, Denken und Interesse aufweisen und daß durch die Umfunktionalisierung des Materials vom Sprachlichen zum Numerischen die Additionsleistungen in allen Gruppen sich erhöhten.

Weil aber die höheren Schulen in steigendem Maße gegenüber früher die begabten Schüler von den Volksschulen abziehen, folgen die Volksschüler diesem progressiven Zahlentrend nicht im gleichen Maße wie die höheren Schüler und die Studierenden.

Die Folgerungen und Einsichten, die sich aus diesen einer differenzierten Interpretation sich erschließenden Einsichten ergeben, sind eindeutig: eine schematische und formale Auswertung in der *Interpretation des Pauli-Tests* ohne Rücksicht auf neue ins Spiel kommende Faktoren in den letzten 20–30 Jahren, d.h. auf *soziologische und bildungspolitische Faktoren* und die durch sie bedingten Veränderungen, mußte zwangsläufig zu Fehlschlüssen, wie sie nachweisbar in mancher Kritik des Pauli-Tests (z.B. ULICH, CHRISTIANSEN[1]) gezogen wurden, führen. Der Pauli-Test ist eben ein *Universal-Test* und bedarf einer *umsichtigen psychologischen Auswertung* und nicht nur einer rein formalen zahlenmäßigen Analyse: er differenziert sehr fein für denjenigen, der sich um eine entsprechende fein unterscheidende Auswertungsanalyse und psychologisch-charakterologische Interpretation bemüht.

---

[1] Es ist eine außergewöhnliche Tatsache, daß E. R. Christiansen im Jahre 1966 den Pauli-Test einer kritischen Würdigung unterzog, ohne dabei die entscheidende zusammenfassende Veröffentlichung über den Pauli-Test, die bereits im Jahre 1961 in dritter Auflage erschienen war, überhaupt zu berücksichtigen. Sie findet sich weder im Text noch im Literaturverzeichnis in irgendeiner Form erwähnt! Hätte er von dieser Veröffentlichung Kenntnis genommen (S. 75ff., S. 128f. und 133), dann hätte er sicher seine Ausführungen im Jahre 1966 (S. 116ff.) sachgerechter formuliert. Die von Christiansen angeführte mittlere Additionsmenge von 1740 bei durchschnittlich begabten 14jährigen Volksschülern ist ja ebenfalls ein Beleg dafür, daß tatsächlich eine Leistungsverbesserung gegenüber den früher ermittelten „Normwerten" eingetreten ist.

4. *Wiederholung.* Überblickt man das Ganze, so darf man sagen, die Arbeitskurve hat sich als empfindlicher Indikator für mannigfache Einflüsse bewährt, indem sie für Alter, Geschlecht, Umwelteinflüsse wie Stadt und Land, und für Bildungsunterschiede eindeutige Symptome liefert. Das Bild wird vervollständigt durch den *Nachweis bestimmter allgemeiner seelischer Faktoren*, die mit dem Arbeitsversuch Hand in Hand gehen, dabei von besonderer Bedeutung sind. Gedacht ist zunächst an *Wiederholung und Übung.* Alle seitherigen Angaben stützen sich auf sog. Erstversuche, und als Erstversuch ist das Verfahren überhaupt gedacht. So fragt es sich grundsätzlich, welche Rolle die Wiederholung spielt. In etwa läßt sie sich bereits aus dem Gang der Kurve selbst entnehmen, d.h. ihr starker Anstieg innerhalb der ersten halben Stunde kann nur gedeutet werden als Wirkung dieses Faktors, genauer – im Sinne KRAEPELINS – von Übung im engeren Sinne, von Gewöhnung und Anpassung. Im ersteren Falle ist an die reine Beschleunigung gedacht, hervorgerufen durch den gleichartigen Leistungsvorgang; bei der Gewöhnung handelt es sich um die Ausschaltung aller Zwischenerlebnisse, d.h. der Erlebnisse, die nicht zur Aufgabenlösung benötigt werden, sie also lediglich verzögern; die Anpassung bezieht sich auf die zweckmäßigste Verwendung aller verfügbaren Hilfsmittel. Man spricht auch kurz von der *Einstellung auf die Arbeit* im Hinblick auf die beiden letzten Momente.

Wenn auch der Verlauf, besonders der von der Ermüdung noch nicht überdeckte Anfangsanstieg der Arbeitskurve, einen deutlichen Übungseinfluß erkennen läßt, so kann dieser voll und ganz doch nur durch wiederholte Versuche ermittelt werden, die im Abstand von Tagen erfolgen. Das Ergebnis ist eine Gesamtzunahme von fast 30% bei der ersten und etwa 12% bei der zweiten Wiederholung. Also ein bei so vertrauter Leistung wider Erwarten großer Gewinn. Er vollzieht sich offenbar erst sehr schnell, dann immer langsamer (nach einer bekannten Gesetzmäßigkeit, vgl. Abb. 12).

Diese Gesetzmäßigkeit im Sinne des logarithmischen Verlaufs hat ARNOLD (1958) auch auf Grund einer Untersuchung von ULICH (1958) bestätigt gefunden.

Das schriftliche Addieren hat seine Geschwindigkeitsgrenzen an denen des Lesens, Rechnens und Schreibens.

Experimentelle Untersuchungen ergaben im Durchschnitt als Minimalzeiten für

Lesen   einstelliger Zahlen   : 0,01 sec.
Rechnen   einstelliger Zahlen   : 0,15 sec.
Schreiben einstelliger Zahlen (1)   : 0,4 sec.

Bei Wiederholungsversuchen werden weitere Verbesserungen erreicht. Wenn auch die Einzelzeiten für Lesen, Rechnen und Schreiben – über die im tachistoskopischen Versuch gewinnbaren Minimalzeiten hinaus – nicht überboten werden können, so lassen sich die Tätigkeiten doch ineinanderschieben (integrieren) und so ihren Gesamtablauf verkürzen. Dabei ergibt sich eine interessante Parallelität: die tachistoskopische Arbeitszeit am Element ist etwa indirekt proportional zur Gesamtleistung im Extremwert; im Wiederholungsversuch wird diese Proportionalität durch zunehmende und individuell verschiedene Integration der Teilakte verschoben; allerdings bleiben auch hier auffällige interindividuelle Unterschiede bestehen.

Vp:	M. B.	E. D.	E. W.	A. W.
Tachistoskopische Lesezeit (sec.)	0,01		0,04	0,03
Schreibzeit/Element (sec.) (1 und 5)	0,4–0,6	0,33	0,48–0,74	0,4–0,64
Gesamtleistung 1. Versuch	3491	4155	2977	3121
10. Versuch	5421	6246	4762	4119

Führen Wiederholungsversuche mit dem Pauli-Test nicht zu ganz anderen Leistungsergebnissen und damit auch zu völlig verschiedenen diagnostischen Deutungen? Eine Frage, die in den letzten Jahren wiederholt aufgegriffen wurde. Seit 1936 ist bereits bekannt, daß die Wiederholungskurve nicht einfach eine Parallele zum Anfangsverlauf darstellt. „Die Erhöhung des Gesamtverlaufes ist vielmehr mit der charakteristischen Veränderung seiner Gestalt verbunden. Man weiß seit dieser Zeit, daß mit fortschreitender Arbeit der relative Wiederholungsgewinn dauernd abnimmt, derart, daß sich die Endwerte bei der ersten Wiederholung wie 2:1 verhalten." (PAULI 1936, S. 499.) Heute können wir uns auf eine größere Anzahl von Wiederholungsversuchen bei vielen Versuchspersonen stützen und nicht nur auf einen einzigen Fall. Danach weiß man, daß nicht nur die Additionsgeschwindigkeit im Wiederholungsfall gesteigert wird, sondern daß sich die äußere Verlaufsform der Kurve zwar ändert, diese aber in ihrer inneren Struktur – wie die Ergebnisse der Fourieranalyse zeigen – im wesentlichen gleich bleibt, oder aber typische und damit gesetzmäßig erfaßbare Veränderungen erleidet. Die von PAULI auf Grund *eines* Falles aufgestellte Behauptung, daß die Verlaufsform der Arbeit durch die Wiederholung stärker beeinflußt werde als ihre Geschwindigkeit, läßt sich heute nicht mehr halten.

Über die zunehmende Leistung im Arbeitsversuch bei Wiederholungsversuchen kann als Faustregel gelten: Der zweite Wiederholungsversuch ergibt eine Zunahme um das 2½fache der Steighöhe des ersten Arbeitsversuches (PAULI 1936, S. 492). Bis zum 10. Wiederholungsversuch erfolgt eine Zunahme der Arbeitsleistung. Nicht nur, daß immer mehr Teilarbeiten wie die des Lesens, Schreibens, Lernens ineinander hineingezogen werden, es werden vielfach auch die Zwischenerlebnisse aller Art ausgeschaltet. Es scheint darum sinnvoll, eine latente gleichmäßige Zunahme der Einstellung, d.h. der Leistungsbereitschaft anzunehmen. Heute wissen wir, daß die Zunahme der Leistungsfähigkeit in einer logarithmischen Kurve sich darstellt (Abb. 12). Die Ermittlung der wahrscheinlichen Höchstleistung ergibt sich aus dem mittleren Steigungswinkel zwischen der 4. und 8. Teilzeit; die Verlängerung dieses Schenkels schneidet die nach rechts transponierte Ordinatenachse im Bereich der Höchstleistung. Dieser konstruierte Leistungshöchstwert liegt dem effektiven sehr benachbart.

10 Wiederholungsversuche an 10 Vpn. sollten der Klärung folgender Fragen dienen: 1. Welcher prozentuale Anstieg ist bei 10 Versuchen in Abständen von 2–3 Tagen zu erzielen? 2. Besteht ein Zusammenhang zwischen Übungsgewinn und absoluter Zahl der Additionen beim 1. Versuch? 3. Verändert sich die relative Anzahl der Fehler und Verbesserungen (bezogen auf die jeweilige Zahl der Additionen = 100%) bei Wiederholungen des Tests? 4. Ändern sich die Schwankungs-Prozent-Werte bei wiederholten Versuchen? 5. Zeigt die Gipfellage oder zeigt die Steighöhe im Verlaufe der Wiederholungsversuche ein gesetzmäßiges Verhalten? 6. Sind Korrelationen zwischen dem Verhalten der verschiedenen beurteilten Größen (z.B. zwischen Übungsgewinn und Verhalten

der Schwankungs-Prozente) anzunehmen? 7. Ändert sich der Kurventyp im Verlaufe der Wiederholungen des Testes?
Methode: Die Versuche wurden unter den oben angegebenen Bedingungen durchgeführt. Es waren Gruppenversuche *aller* beteiligten Personen, wöchentlich 2–3 mal, jeweils morgens zwischen 8.30 und 9.30 Uhr. Insgesamt wurden 10 Wiederholungsversuche durchgeführt[1].
Vpn.: 5 Psychologie-Studenten (23, 24, 27, 32 und 37 Jahre alt), 3 Psychologie-Studentinnen (21, 26, 33 Jahre alt), 2 Stenotypistinnen im Alter von 17 und 18 Jahren. Keiner der Probanden hatte sich vorher als Versuchsperson an einem Pauli-Test beteiligt.
Ergebnis: Tabelle 14 und Abb. 13 und 14.
Gewiß ist, daß durch den Arbeitsversuch ein Einblick in die grundlegenden Verhältnisse der Wiederholung bzw. der Übung und Einstellung gewonnen ist und daß er die große Bedeutung dieser Umstände hat erkennen lassen.

5. *Innere Haltung.* Ähnliches, wenn nicht gleiches, gilt für die *innere Haltung zur Arbeit.* In einer Untersuchung über Motivation und Anspruchsniveau kam der Indonesier SOEWARJO zu dem Ergebnis, daß es konsistente individuelle Differenzen hinsichtlich des Grades der Motivierbarkeit gibt und daß das Anspruchsniveau mit dem Leistungswillen korreliert. Teils ist das Motiv ein Streben nach Höchstleistung, teils spielen sozialpsychologische Momente eine Rolle („sich nicht blamieren wollen").
Bereits Erfahrungen des täglichen Lebens zeigen, wie sehr die Gesamteinstellung zur Arbeit abhängt von der Kenntnis, daß sie kurz, unbestimmt oder ausgesprochen lang dauern wird. Dabei kann dahingestellt bleiben, ob es sich um ein echtes Wissen oder um einen Irrtum (eine Täuschung) handelt. Des näheren lassen sich 5 mögliche Fälle unterscheiden, je nach Menge der Arbeit (klein, mäßig, groß) und Art der Kenntnis davon (zutreffend – unzutreffend):

1. kleine Menge, geringe Dauer: tatsächlich oder nur fälschlich in der Vorstellung;
2. mäßige Menge;

---

[1] Bei Durchführung und Auswertung hat mich dankenswerterweise Frau Dr. med. et phil. Schröder, geb. v. Hübschmann, unterstützt.

3. große Menge, d.h. einstündige Arbeit;
4. unbestimmte Menge (Drauflosarbeiten).

Mit dem Kurzversuch ist ein Antrieb verbunden, so daß die Leistung um gut 9% steigt, bezogen auf die Norm, d.h. Drauflosarbeiten. Dem entspricht ein ausgesprochenes Nachlassen angesichts übergroßer Arbeit, mag sie auch tatsächlich gar nicht gegeben sein. Als Regel ergibt sich: Je größer die eingebildete bzw. beabsichtigte Arbeit, desto geringer die tatsächliche Leistung und umgekehrt. Eine Sonderstellung nimmt schließlich der im Leben häufige Fall der Täuschung ein (angeblich kurze Arbeit, in Wirklichkeit beträchtliche Beanspruchung): nicht allein, daß sich Spuren des Nachlassens zeigen, auch die Güte nimmt ab, und zwar bedeutend, wie die angenäherte Verdoppelung der Fehlerzahl beweist. Täuschung über das Arbeitsmaß im bewußten Sinne wirkt also ausgesprochen ungünstig. Bestätigt wird der objektive Befund durch die Aussagen, die nachträgliche Selbstbeurteilung der Vpn hinsichtlich der Höchstleistung: ob gegeben oder nicht. Bejahend fielen die Angaben aus in

60% der Fälle bei unbestimmter Arbeitszeit,
48% bei angeblich kurzer Arbeit und
36% bei überlanger Arbeit.

Zweifellos spielen bei diesen Verhältnissen Gefühls- und Stimmungsmomente eine Rolle. Diese lassen sich auch in etwa rein erfassen auf Grund der Aussagen, wie sie an Hand der fremdgeleiteten rückschauenden Selbstbeobachtung gemacht worden sind. Es war anzugeben, ob die Art der Arbeit – das Rechnen als solches – als genehm oder nicht oder aber als gleichgültig empfunden wurde. Eine einfache Zusammenstellung ist überaus lehrreich in jeder Hinsicht, was Häufigkeit der betreffenden Angaben und zugehörige Leistung nach Größe und Güte angeht:

	Häufigkeit	Zugehörige Additionssumme	Relative Fehlerzahl
Lustbetont:	29% der Fälle	3020	0,9%
Unbestimmt:	36% der Fälle	2910	1,2%
Unlustbetont:	35% der Fälle	2230	1,5%

Die Unlustbetonung – manchmal sehr drastisch ausgedrückt – beeinflußt das Arbeitserträgnis offenbar sehr stark in abträglichem Sinne, während der Unterschied zwischen Gleichgültigkeit und Lustbetonung gering erscheint; von Lust im eigentlichen Sinne, d.h. wirklicher Freude

an dieser Arbeit, kann kaum die Rede sein, was sich von selbst versteht und wie die Angaben im einzelnen deutlich erkennen lassen. Doch davon abgesehen: Fest steht jedenfalls, daß die Stimmung und ihr Einfluß auf die Arbeit (Leistung) von allergrößter Bedeutung ist: um gut ein Viertel verschlechtert sich die Leistung bei negativer Gefühlsbetonung des Rechnens, wobei der Abfall der Güte mehr als doppelt so groß ist.
ACHTNICH hat auf Grund von Fragen, die aus Anlaß der Durchführung des Pauli-Tests gestellt wurden, festgestellt (S. 96ff.), daß das Gefühl für die Versuchsdauer unabhängig von der tatsächlichen Leistung ist. Kinder mit schlechten Leistungen haben am Schluß des Versuchs die größte Mühe, während jene mit positiven Leistungen anfangs die größte Mühe haben. Gute Stimmungen gehen mit guten Leistungen einher, schlechte Launen mit schlechten Leistungen. Kinder rechnen außerdem viel lieber im Klassenverband als allein. ACHTNICH trifft auch die bezeichnende Feststellung gegenüber PAULI (S. 99), daß die große Zahl der Kinder (160 gegenüber 19) gerne rechnet. Allerdings wird der Versuch nach ACHTNICH mehr und mehr als langweilig und unangenehm empfunden (bei 90% der schlechten und 50% der guten Gymnasiasten). Diese Daten in ihrer Gesamtheit werfen Licht auf den grundlegenden Zusammenhang zwischen *Stimmung und Arbeit*.

6. *Erbe*. Im Zusammenhang mit inneren Bedingungen und deren Einfluß auf die Arbeit, ihren Verlauf und ihren Erfolg, kann im PT auch mancher erbmäßig bedingte Faktor erfaßt werden, wie er sich bei den ein- und zweieiigen Zwillingen am deutlichsten geltend macht. Die bekannte Ausnahmestellung der EZ im Sinne größter Ähnlichkeit läßt sich klar nachweisen auf Grund der arbeitspsychologischen Befunde (PAULI 1941). Folgende Grundeigenschaften (Konstitutionsmerkmale) sind so erbpsychologisch erfaßt:
Ermüdung (durch die Gipfellage der Arbeitskurve).
Einstellung bzw. Anpassung, Gewöhnung und Übung, in Verbindung mit der Ermüdung, auch in etwa die vitale Energie (durch die Steighöhe).
Arbeitsrhythmus bzw. Inkonstanz als konstitutionelle Erscheinung (durch die Schwankung).
Diese Ergebnisse stellen einen Beitrag zur Erbpsychologie dar; sie beweisen aber auch die vielseitige Verwendbarkeit der Arbeitskurve als einer psychologischen Untersuchungsmethode.

Über die praktische Anwendbarkeit des Pauli-Tests

Die praktische Anwendbarkeit des Pauli-Tests hat sich inzwischen auf ganz verschiedene Gebiete verzweigt: Personalauslese in Handel, Handwerk und Industrie, Berufsberatung, Arbeitsvermittlung, Erziehungs- und Schullaufbahnberatung, medizinische und klinische Diagnose, allgemein charakterologische Diagnose, Pharmakopsychologie. Der Arbeitsversuch als diagnostisches Hilfsmittel ist wohl über die ganze Welt verbreitet. So wird er z. B. in Japan als der originellste Persönlichkeitstest erklärt (KURAISHI, S. 104). ,,Because of high reliability and validity it has been used extensively in the industrial field such as rail-roads, mines, spinning factories and so on". Dabei muß festgestellt werden, daß die japanische Abwandlung des Arbeitsversuches nach UCHIDA zwei 15-Minuten-Arbeitsabschnitte umfaßt, die durch 5 Minuten Pause getrennt sind. Einzeluntersuchungen ergaben, daß 5-Minuten- oder 10-Minuten-Arbeitszeiten (Testverkürzungen) nicht angängig sind. Die japanische Abwandlung des Arbeitsversuches hat sich auch im Rahmen einer Testbatterie für militärische Zwecke der japanischen Luftstreitkräfte im 2. Weltkrieg bewährt (KURAISHI, S. 107). Desgleichen wird er für Erziehungsberatung, klinische Zwecke, kriminalpsychologische, forensische Aufgaben und für Probleme der Rehabilitation verwendet (S. 108f.). Die japanische Kurzform wird in all diesen Bereichen in ganz Japan heute verwendet. Für europäische Verhältnisse haben sich Kurzformen nicht bewährt. Die faktorenanalytischen Ergebnisse entsprechen sich jedoch.
Schweizerische und französische Arbeiten untersuchten den Pauli-Test vorwiegend unter *medizinischen* Fragestellungen. PIERRE BOURQUIN bestätigt in einer Untersuchung über die Rolle der Konstitutionen der psychischen Bedingungen in der Entstehung neurotischer posttraumatischer Reaktionen die faktorielle Bedeutung von Aufmerksamkeit, Geschwindigkeit und Konzentration.
»Nous avons adopté la méthode de KRAEPELIN (addition de chiffres simples pendant une heure) pour étudier la fatigabilité psychique. Cette méthode permet d'apprécier la bonne volonté du patient, son attention, sa concentration, la rapidité de ses processus psychiques, sa fatigabilité, etc. Il est bien entendu que l'observation attentive de l'attitude et du comportement du patient au cours de ces épreuves revêt une importance parfois aussi grande que le résultat des épreuves elles-mêmes«.

1. *Organische und psychogene Erkrankungen.* Über die Möglichkeit, den Pauli-Test als Diagnostikum für organische Befunde zu benützen und zwar für Infarkt, Hypertonie, Emphysem, Arteriosklerose, Defatigatio, Vasolabilitas, sei auf Seite 59 zurückverwiesen. Ob der Arbeitsversuch für die Unterscheidung von organischen und psychogenen Erkrankungen ein brauchbares Mittel ist, wird durch zwei Arbeiten untersucht. Volles Vertrauen zu dieser diagnostischen Möglichkeit äußert ZOLLIKER (S. 252). Er bezeichnet den Arbeitsversuch im Rahmen des klinischen Befundes als differentialdiagnostisch wertvolles Hilfsmittel; wenn die Kurve und die Berechnungen große Abweichungen aufweisen, so können sie nach Meinung ZOLLIKERs im Vergleich zu einer Leistung innerhalb der Norm ein auch dem Laien anschauliches Bild von der vorliegenden Störung der geistigen Leistungsfähigkeit geben (vgl. Abb. 15).

Neuere Untersuchungen unter der Leitung von DUKOR, die von LUCA A MARCA durchgeführt worden sind, schränken diese praktische Anwendungsmöglichkeit des Pauli-Tests ein. Es verdient Erwähnung, daß die Untersuchungen ZOLLIKERs auf 309 Additionsversuchen beruhen, die Untersuchungen LUCA A MARCAS beruhen auf 113 Fällen. Bei normalen Versuchspersonen mit Volksschulbildung wird eine durchschnittliche Additionsleistung von 2288 festgestellt, während die Additionsleistung bei Psychogenen und bei Organikern zwischen 1084 und 1187 schwankt. Also ein Befund, der durchaus mit dem ZOLLIKERs übereinstimmt. Bei Psychopathen allerdings ergibt sich eine Additionsleistung im Durchschnitt von 2011, ein Wert, der an den von Gesunden herankommt. Aber insofern ist doch eine Übereinstimmung mit ZOLLIKER vorhanden, als dieser bei endogenen Psychosen ebenfalls die höchste Gesamtleistung anerkennt. Allerdings findet ZOLLIKER folgende Durchschnittswerte: bei organischen Psychosen nach Trauma 1105, nach entzündlichen oder degenerativen Hirnprozessen 1317, bei konstitutioneller Psychopathie 1736, bei Neurosen-Psychopathie 1547, bei endogenen Psychosen 1569 Additionsleistungen pro Stunde. Die verfrühte Gipfellage wurde auch von LUCA A MARCA bei Organikern als ein sehr häufiger Befund festgestellt. Allerdings kommt sie auch bei der Hälfte der Psychogenen und besonders bei Gesunden vor. Kurvenverlaufstyp 1 (/) kommt bei jeder Krankengruppe seltener vor als bei Gesunden (S. 10). Auch die Fehlerzahl ist kein sicheres Mittel, Organiker von Psychogenen zu unterscheiden. Beide Gruppen haben etwa 1,4% Fehler gegenüber 0,48% der

Vergleichsgruppe der Normalen. Das Schwankungsprozent beträgt dagegen bei Organikern 6,9 und bei Psychogenen 6,6%, bei Normalen 4,4%. Bezüglich der Steighöhe wird von LUCA A MARCA ein statistischer Unterschied zwischen Organikern und Psychogenen anerkannt.

	Positive Steighöhe	Negative Steighöhe (= Fallhöhe)
Organiker	21 (47%)	23 (53%)
Psychogene	35 (60%)	23 (40%)
Gemischte	23 (36%)	40 (64%)
Gesunde	9 (69%)	4 (31%)

Als Unterscheidungsgrund wird außerdem die Leistung in den letzten 12 Minuten gegenüber der während der ersten 12 Minuten anerkannt. Als zweiter Unterscheidungsgrund wird die beste 12-Minuten-Leistung gegenüber der ersten 12-Minuten-Leistung zugelassen.
Leistung während der letzten 12 Minuten gegenüber derjenigen während der ersten 12 Minuten:

	gleich oder besser	schlechter
Organiker	21 (44%)	26 (56%)
Psychogene	35 (58%)	25 (42%)
Gemischte	28 (42%)	38 (58%)
Gesunde	8 (61%)	5 (39%)

Beste 12-Minuten-Leistung gegenüber der ersten 12-Minuten-Leistung in Prozent (= Leistungssteigerung im Sinne ZOLLIKERS):

Leistungssteigerung	keine	unter 10%	unter 20%	über 20%
47 Organiker	17 (36%)	9 (19%)	16 (34%)	5 (11%)
60 Psychogene	21 (35%)	10 (16%)	7 (11%)	22 (36%)
66 Gemischte	23 (34%)	24 (36%)	9 (13%)	10 (15%)
13 Gesunde	1 (7%)	7 (53%)	4 (30%)	1 (7%)

LUCA A MARCA folgert: „Da also 42 der 47 Organiker eine Leistungssteigerung unter 20% zeigen, gegenüber nur 38 der 60 Psychogenen, ist auch hier ein statistischer Unterschied gegeben." (S. 13).
Über die diagnostische Brauchbarkeit des Arbeitsversuchs in der Psychiatrie herrscht schon seit KRAEPELIN und seit der Ermittlung der diagnostischen Leistungsfähigkeit des Arbeitsversuches für die Topik der Groß-

hirnrinde (Versuche wurden von Pfeifer an 300 Hirnverletzten angestellt) kein Zweifel mehr. Am Rande sei bemerkt, daß Pfeifer (zitiert nach Zolliker) festgestellt hat, daß der Arbeitsversuch bei Hinterhaupts- und Schläfenlappenverletzten die geringste Mengen- und die größte Fehlerzahl erreicht. Schon seit geraumer Zeit hat sich im medizinischen Bereich die Brauchbarkeit des Pauli-Tests erwiesen. In verschiedenen Arbeiten haben Fleck und Plaut (ebenfalls zitiert nach Z.) den Nachweis erbracht, daß von 22 Unfallkranken nur drei mit ihren Leistungen in den Bereich der gesunden hineinreichten und daß deren Übungsfähigkeit beträchtlich unter der der Normalen lag. Dabei wurde der Pauli-Test zur Diagnose von Rentenneurosen (mit Willensstörung), die zur Herabsetzung der Leistung, der Übungsfähigkeit und der Ermüdbarkeit führten, benutzt. Auch Schaltenbrand (ebenfalls zitiert n. Z.) stellte in seinen Arbeiten über den Parkinsonismus nach Encephalitis lethargica mit Hilfe des Pauli-Tests eine verringerte Gesamtleistung, eine erhöhte Ermüdbarkeit und einen schwankenden Übungserfolg fest. In den eben zitierten Arbeiten wird außerdem gezeigt, daß bei den Depressiven die Leistung erheblich reduziert ist, während die Manischen eine erhöhte Fehlerzahl haben. Für Epileptiker wurde (nach Springer) der Nachweis erbracht, daß sie etwa das halbe Leistungstempo der Normalen entwickeln. Im ganzen gesehen sind also die bisher von medizinischer Seite vorgebrachten Stellungnahmen zum Pauli-Test als einer diagnostischen Möglichkeit nur Vorschläge für eine verfeinerte Auswertung und für eine differenzierte Anwendungsmöglichkeit, nicht jedoch ein irgendwie geartetes Beweismittel gegen die Brauchbarkeit und die theoretische wie praktische Solidität der Methode.
Neuere amerikanische Feststellungen bestätigen dies (Vgl. Hahn, Pedley, Hoch).

2. *Hirnverletzte.* Eine besondere Gruppe bilden die *Hirnverletzten* in klinisch ausgeheiltem Zustand, wie sie der Krieg in großer Zahl hervorgebracht hat. Mit ihnen entsteht die wichtige Frage nach ihrer Wiedereingliederungsmöglichkeit in das Berufs- und Wirtschaftsleben sowie die des Rentenausgleichs als Entgelt für geschädigte Arbeitsfähigkeit. Sie genauer zu bestimmen ist die Voraussetzung für einen gerechten Ausgleich. Dazu hat sich der Arbeitsversuch als hervorragend geeignet erwiesen. 1949 erbrachte Pittrich an 317 Hirnverletzten den Nachweis,

daß die Leistungsfähigkeit trotz geringen klinischen Befundes sehr begrenzt ist und die beklagten Allgemeinbeschwerden durch den Pauli-Test erst objektiviert werden können (Tab. 15, Abb. 16 u. 17). Die geklagten Beschwerden waren Kopfschmerzen, Schwindel, Schweißneigung, rasche Ermüdbarkeit, Gedächtnisschwäche, erhöhte Ablenkbarkeit, innere Unruhe.

H. PITTRICH hat die Hauptereignisse folgendermaßen zusammengefaßt:

Nach der *Menge:*

Die im Arbeitsversuch ermittelte Leistungsfähigkeit ist trotz des geringen klinischen Befundes noch sehr begrenzt und objektiviert die geklagten Beschwerden. Es ergeben sich auffallend geringe Mengenleistungen (durchschnittliche Gesamtminderung: etwa 50%): 78% der Arbeitskurven zeigen kindlich-jugendliche Leistungen, und zwar 14% kindliches, 64% jugendliches Verhalten, während nur 22% annähernd normale Leistungswerte aufweisen. Anormales Verhalten fand sich besonders bei den Parietal- und Frontalverletzten, während die Okzipitalverletzten die geringsten Leistungsminderungen aufweisen.

Nach der *Qualität:*

Im Gegensatz zur Menge ist bei Hirnverletzten die Qualität weit weniger beeinträchtigt. Die Verletzten waren sich der Ernstsituation des Arbeitsversuches voll bewußt. Am ehesten finden sich Fehlleistungen bei linksseitig Frontoparietal- und Parieto-okzipitalverletzten (Rechenunsicherheit). Es ist mehr der *Mangel an Können* als der *Mangel an Charakter*, der zu Fehlleistungen führt.

Nach der *Anpassung:*

Diese Funktion – erkennbar am Anfangsabfall und seiner Vergrößerung – ist bei allen Hirnverletzten vermindert, besonders bei den Parietotemporalverletzten.

Nach der *Aufmerksamkeit:*

Die Aufmerksamkeitsschwankungen bestimmen das unregelmäßige Arbeitsverfahren der Hirnverletzten. Es ist bei allen Verletzungen deutlich ausgeprägt, am stärksten bei den Frontoparietal-, Biparietal- und Parieto-okzipitalverletzten. Die Aufmerksamkeit als seelische Allgemeinfunktion ist gestört.

Hirnverletzte ↓

Nach dem *Willensimpuls:*

Die Steighöhe ist der Ausdruck der Willenshaltung. Im Arbeitsversuch ist allgemein der Willensimpuls herabgesetzt, deutlich bei den Frontoparietal- und Parietotemporalverletzten.

Nach der *Willensenergie:*

Die Gipfellage vermittelt einen Einblick in das Maß und die Ökonomie der Kräfte. Es ergibt sich ein Bild der Willensstoßkraft, daneben ein solches der Willensspannkraft. Hier zeigen die frontobasalen mit den parietotemporalen Verletzungen die meisten Einbußen. Die Frontobasalverletzten gelangen schwer zu einem planvollen Einsatz ihrer Kräfte, sie erlahmen bald, die Kontrolle durch den Verstand ist nicht stark genug, Gefühl und Triebhaftigkeit überwiegen. Oft erfolgt ein forcierter Einsatz, der sich dann rasch verbraucht. Sie sind erhöht ablenkbar, sozial schwierig, leicht erregt, unkritisch. Bei den Parietotemporalverletzten ist es die Zähigkeit sowie Schwerfälligkeit aller gedanklichen und seelischen Abläufe, die den vollen Einsatz der Energie hemmt.

3. *Biologische Sonderfälle.* Eine andere sowohl medizinisch als auch psychologisch interessante Feststellung ist der *Zusammenhang zwischen Augenbewegung, Rhythmus, Arbeitstempo und Intelligenz* (HERBERG). Zwischen Augenbewegung und Pauli-Test ergaben sich relativ hohe Korrelationen z. B. für die Gesamtadditionsleistung von 0,50 bis 0,56; $N = 20$; P kleiner 0,1, während im Vergleich dazu die Korrelation zwischen Augenbewegung und Alpha-Rhythmus die Größenordnung von 0,14 nicht überschritt.

KRITZINGER hat vor der International Society of Biometrology mit Hilfe des Pauli-Tests den Nachweis erbringen können, daß ein erhöhtes *luftelektrisches Gefälle eine effektive Leistungssteigerung* bewirkt. Die individuellen Differenzen beziehen sich auf den Zeitpunkt seines Wirkungsbeginns. Von den untersuchten 23 Fällen folgen nur 3 nicht der Gesetzmäßigkeit der Leistungssteigerung auf Grund eines erhöhten Potentialgefälles, was jedoch die Zuverlässigkeit der Feststellung, d. h. den naturgesetzlichen Einfluß des Potentialgefälles mit 400 Volt pro Meter nicht beeinträchtigt (Abb. 18)[1].

---

[1] Herr Hartmut Schulz, Düsseldorf, teilt mir brieflich mit, daß die von Prof. Kritzinger festgestellte Leistungssteigerung im Pauli-Test nach Experi-

Interessant sind Versuche mit Sabotageabsicht. Bei den Gesunden ergibt sich eine deutliche Fehlerzunahme und eine Verminderung der Schwankung, sowie eine Zunahme der Fallhöhe[2].

4. *Pharmakologische Untersuchungen.* In die Reihe der Untersuchungen, die sich mit dem Einfluß äußerer Reize und anderer Einwirkungen auf die Psyche des Menschen befassen und deren Auswirkungen in der Arbeitskurve zum Ausdruck kommen, gehören schließlich auch die Arbeiten über den *Tee* als eines *Narkotikums*, bei dem neben den ätherischen Ölen das Koffein (gleich Tein) die Hauptrolle spielt. Nachdem E. KRAEPELIN als erster die fördernde Bedeutung des Tees erkannt und nachgewiesen hat, ist es gelungen, diese Wirkung im einzelnen zu verfolgen und festzuhalten. Die Hauptergebnisse sind: Es läßt sich eine Leistungssteigerung von etwa 9% erreichen, die ungefähr $3/4$ Stunden anhält. Dies gilt für die optimale Dosis von 10 g Tee (= 0,3 g Koffein) (Ceylon-Tee, Orange Pecco); weitere Steigerung wirkt schädigend. Die Erhöhung der Rechengeschwindigkeit geht nicht auf Kosten der Leistungsgüte, die Fehlerzahl nimmt vielmehr ab und sinkt von 0,7% ohne Tee-Einwirkung auf 0,4% bei 10 g Tee. Die Leistung verbessert sich also deutlich sowohl quantitativ als auch qualitativ.

Über den Nachweis einer Drogenwirkung durch den PT unterrichtet Tab. 16. Bei 9 von 10 untersuchten Vpn. hat eine tranquillierende Droge beim 3. Wiederholungsversuch Leistungsverringerungen erwirken können. Die 1. Vp. hat eine – allerdings sehr geringe – Leistungsverbesserung erreicht. Ein Anhaltspunkt, daß die pharmako-psychische Wirkung u. U. auch von der individuellen Charakterstruktur abhängig sein kann. Ähnlich wie BERGIUS für die Glutaminsäure weist WEBER für das Cafilon nur

---

menten, die durch ihn durchgeführt worden sind, nicht bestätigt wurden. Die von Arnold angeregte Überprüfung der Ergebnisse konnte wegen des Todes Kritzingers nicht zum Abschluß gebracht werden.

[2] Wurde den Vpn. das Stimulans Weckamin verabreicht, so ergab sich nicht nur eine Leistungssteigerung, sondern sogar bei Sabotageversuchen eine Minderung der Fehlerzahl und eine Steigerung der Schwankung (Marca, S. 14ff.). Amerikanische Untersuchungen ergaben signifikante Differenzen zwischen Normalversuchen und Versuchen unter Oxygeneinwirkung (Hahn-Hoch), und zwar im Sinne einer geringeren Fehlerleistung und einer Geschwindigkeitsverbesserung. In all diesen Versuchen erwies sich der Pauli-Test als ein feinempfindliches und zuverlässiges diagnostisches Hilfsmittel.

eine geringe Wirksamkeit im PT nach. (Abb. 19). In beiden Fällen hat sich der PT als zuverlässiges Mittel zur Überprüfung pharmakologischer Wirkungen erwiesen.

5. *Typologische Zusammenhänge.* In einer Reihe von Untersuchungen erwies sich der PT als Verfahren, das geeignet ist, das *Individuell-Seelische* zu erfassen. Ehe man es in seiner ausgeprägtesten Form, als Charakter, angeht, wird man es als *Typ* berücksichtigen. Legt man die maßgebende Unterscheidung der Introvertierten und Extravertierten als die ganze Typologie beherrschend zugrunde, so gelingt es in der Tat, charakteristische Verschiedenheiten in der Arbeitsweise aufzuzeigen (PAULI 1944). Sie liegen nicht in der Größe der Leistung (der Menge der Additionen also), wohl aber in der Güte: die Zahl der Fehlleistungen (Rechenfehler, Verbesserungen) ist beim Introvertierten auffallend gering, fast um die Hälfte geringer als beim Extravertierten. Dazu kommt der andersartige Arbeitsverlauf. Die Kurve des Introvertierten ist, im Ganzen gesehen, reicher gegliedert, d. h. die Schwankung stärker ausgeprägt, ebenso die Steighöhe, wozu noch eine leichte Verzögerung der Gipfellage kommt. Der Extravertierte erscheint dagegen mehr an die Gleichförmigkeit der äußeren Beanspruchung angepaßt. Nicht unerwähnt soll bleiben, daß gelegentlich dieser Untersuchung eine augenscheinliche Übereinstimmung zwischen den Befunden der Arbeitskurve und denen der Handschriftdeutung (einer bevorzugten charakterologischen Methode) festgestellt werden konnte (HAGER und PAULI). Zu einer ebenso medizinisch wie charakterologisch interessanten Fragestellung steuert ein experimenteller Beitrag aus Wien von GERTRUD BAIER-JÜNGER bei: es geht um den Aufweis des Zusammenhangs von *Kurventypen mit Konstitutionstypen* (n = 77).
Es zeigen sich darnach zwischen den Arbeitskurven Schizothymer und Zyklothymer

beachtenswerte Unterschiede: im Kurvenbild,
im Leistungsverlauf,
in der Mengenleistung,
in der Fehlerzahl,
in der Steighöhe,
in der Differenz von Anfangs- und Endleistung.

(Die Leistungen der Schizothymen verteilen sich zwischen zwei Extrempolen, während die Leistung der Zyklothymen mehr dem Durchschnitt entspricht.)

geringe Unterschiede: in der Gipfellage
(Nur ein Teil der Schizothymen unterscheidet sich von den Zyklothymen durch frühere bzw. spätere Gipfellage.)

keine Unterschiede: in der Verbesserungszahl,
in der Schwankung,
im Anfangsabfall.

Die Arbeitskurven lassen sich zu ca. 70% in nach Typen unterschiedene Gruppen einordnen, also mit ungefähr dem gleichen Prozentsatz, der nach KRETSCHMER für die Korrelation von Körperbau und Charakter gilt. Arbeitskurven *Schizothymer* weisen Extremwerte auf entweder an hervorragender Qualität mit gutem Übungsgewinn oder guter Qualität bei enormem Übungsgewinn oder an mäßiger Qualität ohne Übungsgewinn. Arbeitskurven *Zyklothymer* weisen auf: normale Güte und mittleren Übungsgewinn.

Eine weitere Differenzierung der Arbeitsleistung von Pyknikern und Leptosomen wurde in einer Marburger Dissertation von KLAUS THOMAS erreicht.

1. a) Pykniker zeigen in der Gemeinschaftsleistung im Gegensatz zur Einzelleistung eine bedeutende Leistungsminderung; diese ist bei Leptosomen wesentlich geringer und bei Athleten fast aufgehoben.

b) Im Verlauf längerer Gemeinschaftsarbeit sinkt die Leistung der Pykniker ständig und erheblich ab, so daß die Leistungskurve einer Parabel gleicht, die bei den Leptosomen eine weit schwächere Krümmung aufweist. Bei den Athleten verläuft die Leistungskurve geradlinig.

c) Pykniker unterbrechen ihre Arbeit durch fünfmal längere Pausen als die Nichtpykniker; als Gründe geben sie Ermüdung oder sonstiges Unvermögen an, die seltenen Pausen der Leptosomen gehen dagegen auf Unwilligkeit, die der Athleten meist auf Gleichgültigkeit zurück.

d) Weibliche Pykniker fallen durch eine besondere hohe Zahl von Rechenfehlern auf, sonst erweisen sich Rechenfehler und Leistung als gegensinnig gekoppelt.

e) Die Athletiker lassen ihr visköses Temperament auch in ihren hohen Rechenzeiten (und -fehlern) erkennen.

2. Als Folge des genannten Widerstreites von zwei polaren Prinzipien bei den Pyknikern zeigen sie je nach dem Grad ihrer Beeinträchtigung eine große Schwankungsbreite zwischen extrem guten und schlechten Leistungen und einen wesentlichem Unterschied zwischen den Mittelwerten der Gruppen geübter und ungeübter Rechner, während die Mittelwerte der geübten und der ungeübten Leptosomen mit geringer Schwankungsbreite dicht beieinander liegen. Dazu ist zu bemerken:

a) Bei einer einfachen, mechanischen Arbeit dieser Art sind die Unterschiede zwischen den Übungsgraden größer als die zwischen den Konstitutionstypen.

b) Ohne Berücksichtigung des Übungsgrades und der Schwankungsbreite verwischen sich im Gesamtdurchschnitt die Leistungsunterschiede zwischen Pyknikern und Leptosomen.

3. Entsprechend ihrem schizothymen Temperament kommt das viel bewußtere und ehrgeizigere Arbeiten der Leptosomen u. a. dadurch zum Ausdruck, daß sie etwa ein Zehntel ihrer Arbeitszeit zu freiwilliger Selbstkontrolle verwenden, während die Athletiker bedeutend weniger, die Pykniker kein solches Sicherungsbestreben erkennen lassen.

4. In Motorik, Affektivität und mündlichen Äußerungen übertreffen die Unterschiede zwischen den Geschlechtern (bei den weiblichen Versuchspersonen sind sie durchweg mindestens doppelt so zahlreich, sowie lebhafter und stärker) die ebenfalls deutlichen Verschiedenheiten der Konstitutionstypen, die klar das jeweils zyklothyme, schizothyme oder visköse Temperament erkennen lassen. Sogenannte „affektive Eruptionen" treten dabei nur bei Pyknikern und Athleten auf als Folge von Affektstauungen.

6. *Schwererziehbare, Taubstumme, Blinde, Lungentuberkulöse.* Die Brauchbarkeit der Arbeitskurve zur Ermittlung typischer Unterschiede hat sich auch noch bei anderer Gelegenheit herausgestellt. Gemeint ist die *Schwererziehbarkeit*[1] und ihr mannigfache Formen umfassender Bereich. Sie richtig auseinanderzuhalten ist eine nicht immer leichte diagnostische

---

[1] Vgl. hierzu auch H. Thurn: „Schwierige Kinder" in Stimmen der Zeit, 77. Jg. 1951/52, 3. Heft, S. 193: „Zur Ermittlung der Arbeitsfähigkeit, der Konzentration und ihrer Störungen u. a. mehr eignet sich ausgezeichnet der Pauli-Test."

Aufgabe. Im wesentlichen tritt Schwererziehbarkeit in fünf verschiedenen Arten auf: An erster Stelle ist die Gruppe der ,,Starken" zu nennen, gekennzeichnet durch normale Intelligenz bei ausgesprochen charakterlichem Defekt, mit die meisten Schwierigkeiten bereitend. Es folgen die ,,Halbstarken", wobei sich diese Kennzeichnung auf die Intelligenzstufe bezieht. Danach kommen die Entwicklungsgehemmten, ferner die Haltlosen, schließlich die Schwachsinnigen.
Es fragt sich nun, ob und inwieweit der Arbeitsversuch ein Symptom dieser Formen abzugeben vermag, besonders ob er etwas Spezifisches für die Typendiagnose zu leisten vermag. Was das erste angeht, so haben sich in der Tat 5 deutlich voneinander gesonderte Kurventypen ergeben, gesondert nach Höhenlage, Verlaufsform und besonders nach Fehlerbelastung (PLÖSSL). Bezeichnenderweise zeigen die ,,*Starken*" *normales Niveau* (LQ = 1,0), auch der Gang der Kurve ist nicht wesentlich von der Norm unterschieden, von verstärkter Schwankung um die Gipfellage abgesehen; die Fehler dagegen sind fast verdoppelt (typisch für Schwererziehbarkeit überhaupt). Das Bild ist ungefähr das gleiche bei den *Halbstarken*, mit dem Unterschied, daß der LQ *stark gesunken* ist bei ausgesprochener Abflachung des Kurvenverlaufes. Eine *abermalige Minderung* des Leistungsniveaus bei gleichem Ausgangspunkt findet sich bei den Verläufen der *Entwicklungsgehemmten wie der Haltlosen*. Im übrigen sind gerade diese beiden Kurven charakteristisch voneinander unterschieden, indem die erste einen mäßigen, aber ununterbrochenen Anstieg aufweist, ganz im Gegensatz zum Verhalten des Haltlosen, das durch ein dauerndes Absinken der Leistung gekennzeichnet ist, nicht zu reden von einer starken Zunahme der Fehlleistungen (bis 5%). Dieser Unterschied im Vergleich zu den Entwicklungsgehemmten ist besonders zu beachten. Er gestattet eine sichere Diagnose und vor allem auch Prognose, die im Falle der Entwicklungsgehemmten positiv, bei den Haltlosen aber negativ ist, d.h. auf Besserung ist im letzteren Falle nicht zu hoffen. Da der Phänotyp beider Gruppen kaum verschieden ist, muß die Kurvendifferenz um so höher gewertet werden (s. Abb. 20).
Ganz deutlich abgesetzt von den beiden letztgenannten Gruppen der Schwererziebarkeit und damit auch von den beiden ersten ist die Arbeitskurve der *Schwachsinnigen*: gekennzeichnet durch ausgesprochene Tieflage (LQ = 0,4), völlig flachen Verlauf, parallel zur Abszisse, also kaum innere Antriebe in ihrem Auf und Nieder verratend; endlich eine

starke Fehlerzunahme (bis 7%): das Ganze eine Bestätigung des auch sonst fehlerhaften Bildes.

Paul Moor und Max Zeltner haben in einer Weiterführung der Arbeit von Plössl eine Anleitung für die Durchführung des Additionsversuches von Kraepelin als Hilfsmittel bei der Erfassung von schwererziehbaren Kindern und Jugendlichen 1944 vorgelegt. Zum Vergleich seien daraus die Normwerte mitgeteilt. Bei 30% der Kurven von Schwererziehbaren kommt der normalerweise zwischen der 4. und 8. Teilzeit erfolgende Anstieg erst in der zweiten Versuchshälfte zustande. (Tab. 17 und 18.)

Schließlich müssen noch einige Arbeiten mit dem PT erwähnt werden, die sowohl die Kollektivgesetzmäßigkeit wie die Individualeigenschaften (Charakterologie) angehen. Es handelt sich um die Anwendung des Verfahrens bei *Lungentuberkulösen* und die Übertragung des Verfahrens auf Blinde und Taubstumme. Bereits 1944 haben Aschenbrenner und Raithel festgestellt:

„Bei 52 Offentuberkulösen fand sich auf Grund der Methode des fortlaufenden Addierens nach Kraepelin eine deutlich herabgesetzte geistige Leistungsfähigkeit. Diese trat besonders durch eine gesteigerte Ermüdbarkeit, geringe Erholungsfähigkeit und wahrscheinlich auch verminderte Konzentrationsfähigkeit in Erscheinung. Als Ursache dafür dürften insbesondere die tuberkulöse Intoxikation und der chronische Sauerstoffmangel der Kranken in Frage kommen. – Die Übungsfähigkeit und der Antrieb waren bei den Kranken nicht nachweisbar verändert." (S. 782)

Auch Gruhnwald und Ulich berichten auf Grund einer Untersuchung von Hilz, daß bei *Lungentuberkulösen* (n = 78) die Leistungsfähigkeit im PT herabgesetzt ist.

In Anbetracht der schwierigen Gestaltung der Versuchssituation bei *taubstummen 14-16jährigen* (n = 102) war ein Teil der Testbögen nicht auswertbar, für einen anderen Teil mußten nicht übliche Auswertungsmaßnahmen getroffen werden. Streuung und Schwankung erreichten ungewöhnlich hohe Werte. Nach diesem Ergebnis ist der Pauli-Test bei taubstummen Kindern nicht, bzw. nur unter Vorbehalt anwendbar. Die von Gruhnwald und Ulich angeführte Normwertetabelle (Tab. 19) kann daher auch hier nur „unter Vorbehalt" wiedergegeben werden.

Bei *Blinden* (G. WEISS) kann das Material nicht auf einem einzelnen Bogen geboten werden – das erlaubt die Blindenschrift nicht –, sondern es werden entsprechend den Teilzeiten 20 Zelluloidplatten im geläufigen Blindenformat benötigt, die (bei großer Dauerhaftigkeit) dank ihrer glatten Oberfläche eine volle Stunde Arbeitszeit erlauben und die alle 3 Minuten nach Glockenschlag rasch vom Vl auszuwechseln sind. So entsteht praktisch kaum eine Unterbrechung. Die Zusammenstellung der Zahlen entspricht genau dem genormten Rechenbogen. Die notwendige Folge ist zunächst der *Einzelversuch* statt des sonst üblichen Massenversuches. Und das noch aus einem besonderen Grunde, der den Hauptunterschied der äußeren Methodik betrifft. Gemeint ist der Ersatz des sonst üblichen Anschreibens vom jeweiligen Additionsergebnis, das hier unmöglich ist, durch bloßes *Aussprechen* der Summen. Es bedarf dazu der genauen fortlaufenden *Kontrolle* durch den Vl an Hand eigener fertig ausgerechneter *Vorlagen*. Sie gehören mit zur „Blindentechnik".

Normtafel für Blinde (nach Weiss)

Leistungserfolg			Leistungsweg		
I. Größe der Leistung	II. Güte der Leistung		III. Verlauf der Leistung		
Menge der Additionen	Fehler	Verbesserungen	Steighöhe	Gipfellage	Schwankung
Normwert 2151	2,2	0,4	21	16	3,5
Normbereich 1910—2760	1,3—3,4	0,2—0,6	9—31	13—19	2,6—4,2

n = 20

Die Übersicht (s. auch Abb. 21) läßt erkennen, daß die Leistungen der Blinden hinter denen der Sehenden zurückbleiben, von dem Altersunterschied im einzelnen abgesehen. Zu betonen ist dabei der große Eifer der Blinden. Die Verschiedenheit macht sich zunächst bei der Größe der Leistung bemerkbar. Die Menge der Additionen übersteigt mit 2150 Additionen im Durchschnitt zwar deutlich die Grenze von 2000 und nähert sich damit dem entsprechenden Vergleichswert bei Normalen. U.a. mag das mit Wegfall des sonst so charakteristischen Anfangsabfalles bzw. des Anfangsantriebes zusammenhängen, während dem Plattenwechsel nur eine geringe Bedeutung, wenn gleich im Sinne der Leistungsminderung, zukommt. Jedenfalls ist die Einstellung der Blinden erschwert. Bemerkenswert ist in diesem Zusammenhang, daß sich 10% kindliche Leistungen (mit Teilsummen von weniger als 50 Additionen) finden, überwiegend jugendliche (55%) mit 3-Minuten-Leistungen unter 100 Additionen und nur 35% Leistungen von Erwachsenen (keine Teilleistung unter 100 Additionen). Überdurchschnittliche Leistungen kommen dagegen nicht vor. Man könnte denken, was an Größe der Leistung abgeht, wird durch ihre Güte ersetzt. Das ist aber keineswegs der Fall; vielmehr liegt eine Verdoppelung der Fehlerzahl mit 2,2% im Durchschnitt vor. Es mag dahingestellt bleiben, woher diese auffallende Erscheinung rührt, ob aus einem Mangel an Übung oder aus anderen Ursachen (um 30% verringerte Lesegeschwindigkeit der Blinden, häufigerer Zeilenwechsel). Im übrigen läßt auch der Verlauf der Leistung ein Zurückbleiben der Blinden erkennen, so, wenn die Steighöhe im Durchschnitt nur den Wert von 21 Additionen erreicht, während er sonst, also bei Sehenden, entschieden höher liegt. Die Gipfellage erscheint ein wenig verspätet, entsprechend der verlangsamten Einstellung: ein Unterschied ohne wesentlichen Belang. Dagegen zeigt sich bei der Schwankung eine Neigung zur Zunahme, ein leistungsminderndes Moment also. Wesentlich ist, daß die individuellen Unterschiede genau so wie bei den Sehenden auftreten, also die gleichen charakterologischen Rückschlüsse erlauben, wenn es gilt, die Leistungspersönlichkeit zu erfassen. Unter diesen Umständen erübrigt es sich, auf sonstige Einzelheiten einzugehen, die zudem Sache eines größeren Materials und weiterer Untersuchungen sind.

7. *Bewährungskontrollen: Schule, Beruf, Sport.* Rückblickend ergibt sich: Alle bis jetzt genannten Abhängigkeitsbeziehungen sind *Kollektivgesetzmäßigkeiten*, nachgewiesen durch Zusammenlegung von einer Anzahl verwandter Individualbefunde. Es bleibt nur mehr deren Einzelauswertung in charakterologischem Sinne an Hand der oben entwickelten Gesichtspunkte. Zuerst ist sie mit Erfolg versucht worden bei Militärpersonen (ARNOLD 1937), deren anderweitige Begutachtung sowie Bewährung eine Nachprüfung und Bestätigung des charakterologischen Befundes auf Grund des Arbeitsversuches erlaubten. Der günstige Ausfall des Vergleiches bewies die charakterologische Brauchbarkeit der Arbeitskurve wie der daran geknüpften Versuchsergebnisse. Unter diesen

Umständen konnte zu einer großangelegten Verifizierung der Methode geschritten werden. Sie wurde an einem ganz anders zusammengesetzten Material durchgeführt, das zugleich ideale Bewährungskontrolle bot. Es handelt sich um die Schülerinnen einer Mittelschule, die im Alter von 11–19 Jahren untersucht worden sind; dazu kam noch die Altersklasse von 21 Jahren, die einem Kindergärtnerinnenseminar entnommen wurde (Tab. 3).

Zunächst ist auf die methodische Seite dieser Untersuchung einzugehen. Gemeint ist nicht der Versuch als solcher und seine Durchführung – sie fand in der üblichen Weise statt –, sondern die hier verwirklichten *Bewährungskontrollen*. Sie sind in diesem Falle grundsätzlich anders gelagert als bei den gebräuchlichen Kontrollverfahren. Hier kommen bekanntlich lediglich positive Fälle in Betracht, d.h. die als tauglich oder geeignet für einen Beruf Befundenen zeigen in der Lebensstellung die betreffende Eigenschaft oder nicht. Die Auslese gelingt beinahe zu 100%. Allein damit ist noch nicht das letzte Wort über den Wert des Prüfverfahrens gesprochen. Das ist erst möglich, wenn alle Fälle ohne Ausnahme, auch die negativen, nachgeprüft werden, ob hier nicht teilweise Fehlurteile vorliegen in dem Sinne, daß wirklich Geeignete als untauglich bezeichnet worden sind. Es ist dies eine naheliegende Möglichkeit und Versuchung, um eine günstige Erfolgsstatistik zu erzielen.

In der *Schule* nun ist Gelegenheit zu einer vollständigen Bewährungskontrolle gegeben; schwache Schülerinnen werden genauso überwacht wie die übrigen. Dazu kommt, daß Notengebung wie Lehrerurteil zur Verfügung stehen und einen Vergleichsmaßstab abgeben. Endlich – und das ist besonders wichtig – besteht die Möglichkeit, durch mehrere Jahre hindurch die Entwicklung zu verfolgen an Hand der betreffenden Unterlagen.

Doch bedeuten die günstigen Bewährungskontrollen nur eine, wenn auch besonders wichtige Seite der Sicherung des Verfahrens. Auch sonst wurde mit besonderer Vorsicht vorgegangen. So wurde jedes Arbeitsbild von zwei Gutachtern ganz unabhängig voneinander beurteilt, weiterhin der Übereinstimmungsgrad beider wiederum entsprechend abgeschätzt nach folgender Skala:

Übereinstimmungsgrad 1: vollständig,
Übereinstimmungsgrad 2: nach den Hauptgesichtspunkten,

Übereinstimmungsgrad 3: neben Übereinstimmung auch Widersprüche,
Übereinstimmungsgrad 4: Widerspruch.

Doppelschätzung fand bezüglich der Kurvengutachten und der Lehrerurteile statt; die Bezugnahme auf die Zeugnisnoten im Durchschnitt und für einzelne Fächer versteht sich von selbst. Damit waren alle Möglichkeiten einer Bewährungskontrolle ausgeschöpft. Ein Beispiel mag das ganze Verfahren veranschaulichen:
Befund: LQ $= 1{,}50^{GV}$ (die Indizes besagen also überdurchschnittliche Güte und entsprechenden Verlauf). Im einzelnen ergibt sich für die Schülerin von 12, 9 Jahren folgende Symptomatik:

	Summe:	Fehler:	Verbessert:	Schwankung:	Steighöhe:	Gipfellage:
Übernormal	25 38	0,2%	0,5%	± 1,7%	38%	12. Teilzeit

Arbeit war keine vorausgegangen; das Befinden ist als mittelmäßig bezeichnet, die Höchstleistung bejaht, das Rechnen als solches nicht gern getan.
Jetzt die charakterologische Kurvendeutung:
Erste Form (Gutachter 1): Geht mit voller Einsatzbereitschaft heran; obwohl ihr nach eigener Aussage solches Rechnen nicht liegt. Hat keinerlei Schwierigkeiten bei Einstellung und Gewöhnung zu überwinden. Schöpft aus großem, weil überdurchschnittlichem Kräftefundus. Arbeitet äußerst bestimmt, verliert sich keinen Augenblick, weiß immer, was sie will. Sehr ehrgeizig. Dabei von nüchterner Selbstsicherheit, die sich durch nichts aus der Ruhe bringen läßt.
Äußerst beherrscht, klar, zielsicher, sachlich und ausdauernd. Dazu sehr gewissenhaft und zuverlässig. Leistungsmäßig gesehen: hervorragend.
Zweite Form (Gutachter 2): Vorzügliche Willensstärke, was Einsatz wie Durchhalten angeht. Gewandt, stetig, gesammelt, ruhig, beherrscht, strebsam, arbeitsfreudig, wohl nicht ohne Ehrgeiz. Sorgfältig und gewissenhaft. Im ganzen ausgezeichnetes Leistungsniveau, durchweg gute Leistungen versprechend, entsprechende Anlagen und Begabung vorausgesetzt.

Übereinstimmungsgrad der beiden Gutachten:
Nach Schätzung 1 : 1
Nach Schätzung 2 : 1   Demnach 1 im Durschnitt.

Lehrerurteil 1939 (Versuchsjahr)
Körperlich sehr kräftig und leistungsfähig. Besondere geistige Reife. Lebhaftes Temperament, daher manchmal unbeherrscht. Fühlt sich anderen überlegen. Unterricht füllt sie nicht völlig aus. Kommt daher gern auf dumme Gedanken, braucht feste Führung.

Übereinstimmungsgrad des Lehrerurteils mit Kurvendeutung:
Nach Schätzung 1: 1–2
Nach Schätzung 2: 1–2   Demnach 1,5 im Durchschnitt.

Zeugnisnoten 1939 (Versuchsjahr)
Gesamtdurchschnittsnote: 1,3. Fleißnote: 1. Drei Hauptfächer: 1.

Spätere Lehrerurteile
1940: Gesamthaltung erfreulich straff. Unbestechliches Gerechtigkeitsgefühl. Starke Einsatzbereitschaft. Kann auch ihr lebhaftes Temperament zügeln.
1941: Geistig überlegen, selbständig, zielsicher. Fast zu großer Ernst. Reifes Urteil.
1942: Ungeheuer ehrgeizig und strebsam. Kaum eine Frage, die nicht 100prozentig richtig beantwortet wird.
Noten immer entsprechend, stets Klassenbeste.
Dies ein Beispiel für viele[1]. Gewiß bewahrheitet sich das Kurvengutachten nicht immer so restlos wie hier. Das lehrt eine Zusammenstellung für die betreffende Klasse (n = 37):

Übereinstimmungsgrad:	I	I–II	II	II–III	III	III–IV	IV
Häufigkeit:	12	9	3	9	2	1	1
	32%	24%	8%	24%	5%	3%	3%

Dieses Ergebnis wird im wesentlichen gestützt durch die Untersuchungen von SCHMIDT. Allerdings handelt es sich hier um einen relativ homogenen Personenkreis (Textilingenieur-Anwärter, n = 100). Die errechnete Korrelation von 0,46 weist gleichfalls auf innere Beziehungen zwischen Pauli-Test und Intelligenz-Struktur-Test hin, ohne eindeutig dieselbe Dimension damit aufzuzeigen (Tab. 20). Nach einer Mitteilung von UNDEUTSCH

---
[1] Ein neueres Beispiel s. Abb. 24.

(1959) über die Validität einzelner Testverfahren ist der Korrelationskoeffizient zwischen Intelligenzuntersuchungen verschiedener Art und der Schulleistung nicht größer als 0,52. Dieser letzteren Korrelation, die mit dem *Kretschmer-Höhn-Test* von GEBAUER im Bereich Herne ermittelt worden ist, stehen Korrelationen mit anderen Intelligenztests gegenüber, wie z.B. der Lückentest aus der Testserie des Instituts für Jugendkunde Stuttgart, der einen Korrelationskoeffizienten von 0,25 im ersten (0,33 im zweiten) Jahr der Gymnasial- bzw. Mittelschulzeit ergibt. Der Wortschatz von HIPF korreliert mit 0,33 (und 0,45). In einem anderen Bereich (Oberhausen) wurden von HITPASS gleiche Untersuchungen durchgeführt, bei denen die Korrelationskoeffizienten zwischen Schulleistung und Hamburg-West-Yorkshire-Test 0,38 (0,41), dem *Hipf-Test* 0,36 (0,33), dem *Hylla-Test* 0,32 (0,30) ergeben haben. Im Hinblick auf die zahlreichen Intelligenztests, die hier korrelationsmäßig im Durchschnitt Koeffizienten von 0,4 nicht übersteigen, sind die von den gleichen Verfassern in den gleichen Bezirken errechneten Korrelationen mit dem Pauli-Test verhältnismäßig nur wenig niedriger. Sie betragen für die Menge 0,27 (im zweiten Jahr 0,25) für die Schwankung 0,25 (0,22).

Während die Notenverteilung nicht der Gaußschen Normalverteilung folgt, folgt der Pauli-Test jedoch eindeutig einer Normalverteilung. SCHMIDT folgert: Es darf vermutet werden, daß doch noch mehr andere spezifische Faktoren Einfluß auf die Noten haben, übrigens eine Feststellung, die man aus den Untersuchungen von HITPASS und GEBAUER ebenso entnehmen kann, wie aus den grundsätzlichen Bedenken UNDEUTSCHS gegen die Schulbenotung überhaupt (vgl. hierzu ARNOLD, 1968 bzw. 1960). Im ganzen erweisen sich Intelligenz-Struktur-Test und Pauli-Test als gleich ergiebig in ihrem Aussagewert für die Benotung. Die Korrelation zur Schulnote steigt besonders bei Verwendung beider Tests (0,525). SCHMIDT stellt fest: „Beide Tests könnten sich in ihrem Aussagewert gegenüber der Benotung ebensogut vertreten". Für den Intelligenz-Struktur-Test ergibt sich, daß eine Versuchsperson mit einem SW-Wert <105 selten eine bessere Note als 2,5 erhält; dagegen sind bei Versuchspersonen mit SW-Wert > 118,5 auch die Zeugnisse gut oder besser. SCHMIDT zieht praktisch den Schluß: selbst diese begrenzte Voraussage wäre sicher genug, um in Zukunft alle kritischen Fälle durch eine Testprüfung (vorgeschlagen wurde Pauli-Test) rechtzeitig ermitteln zu können. Die gleiche Folgerung ergibt sich bei der Auslese für die höhere Schule: „Die aus Leistung im Begabungstest und im Arbeitsversuch kombinierte Gesamttestleistung korreliert mit dem Erfolg in der Unterstufe der weiterführenden Schule mit 0,56" (UNDEUTSCH: 17. Kongreß der Deutschen Gesellschaft für Psychologie). Ein anderer Beweis für die Bewährung des PT wurde mit Lehrlingen in einer Spinnerei-Weberei erbracht. Nach der Gegenüberstellung des Pauli-Tests mit der Schulbeurteilung und der Meisterbeurteilung nach Ablauf des ersten Lehrganges bei Textillehrlingen stellt SCHMIDT fest, wie überraschend genau die Aussagen des Pauli-Tests mit den Erfolgen aus dem ersten Lehrgang übereinstimmen. (Als Einzelbeispiel einer Bewährungskontrolle s. Tab. 21.)

An 115 gewerblichen und 25 kaufmännischen Lehrlingen haben A. und H. STIRN nachgewiesen, daß eine gewisse soziale Auslese (kaufmännische Lehrlinge gegenüber gewerblichen Lehrlingen) Abweichungen von der Durchschnittsnorm bedingt. Bezeichnend ist, daß die weiblichen gewerblichen Anlernlinge zwischen dem 14. und 16. Lebensjahr erheblich unter der Norm liegen. Im ganzen bewerten A. und H. STIRN die diagnostische Leistungsfähigkeit wie folgt: In der Beurteilungspraxis der Industrie lassen sich mit Hilfe des PT die betrieblichen Führungskräfte frühzeitig erkennen und individuell geeignete Arbeitsplätze ermitteln. Der PT wird im Sinne des Peilverfahrens (PAULI-ARNOLD, S. 218) empfohlen.

Die strukturelle Gegliedertheit des Pauli-Tests zeigen weitere Korrelationsermittlungen: Eine durch 400 Versuchspersonen gewonnene Durchschnittskurve für den Pauli-Test weist im Vergleich zu einer an 100 Versuchspersonen gewonnenen Durchschnittskurve für den *Bourdontest* (Abb. 5) eine Gleichläufigkeit auf, obwohl die faktorenanalytischen Untersuchungen ergeben haben, daß diese Arbeitskurven jeweils andersartig faktoriell aufgebaut gesehen werden müssen. Die Verlaufskurven gleichartig erscheinender Tätigkeiten können also durchaus gleich sein oder zumindest gleichartig erscheinen, während die faktorielle Struktur der Arbeitstätigkeiten durchaus verschieden sein kann.

Unabhängig von dem Kraepelinschen Rechenversuch wurde die Dauer der Arbeitsverrichtung und die intra- und interindividuelle Leistungsstreuung durch ZÜLLICH untersucht. Er fand eine Abhängigkeit der relativen Streuung von der Zeitdauer. „Das Wirken der unterschiedlichen

Dauer der Arbeitsverrichtungen als Ursache für die Leistungsstreuung ist davon abhängig, ob der Streuungsausgleich unterschiedlich ist oder nicht. Da die Ausgleichswirkung mit der Zeitdauer wächst, ist die Streuung von der Dauer der Arbeitsverrichtung abhängig, sofern sie auf unterschiedliche Zeiträume bezogen wird."

Eine nicht nur berufspsychologische, sondern auch lern- (bzw. studien-) psychologische Korrelation ermittelte REUNING. Durch Untersuchungen an Medizinstudenten mit Hilfe des Pauli-Tests konnte er feststellen, daß eine bestimmte intellektuelle Kapazität im ersten Jahr des Universitätsstudiums abhängig ist von Temperaments- und Persönlichkeitsfaktoren, wie z.B. Ausdauer, Tempo, Genauigkeit, Anpassungsfähigkeit und Motivation. Während der Korrelationskoeffizient zwischen Intelligenztest und Universitätsnoten sich auf 0,2 belief, ergibt sich bei der Pauli-Test-Auswertung ein viel stärkeres Hervortreten der oben genannten Variablen.

Im ganzen hat sich jedenfalls der Arbeitsversuch als Persönlichkeitstest, insbesondere der Leistungspersönlichkeit, bewährt. Das hat auch die Übereinstimmung mit graphologischen Gutachten ergeben. Diese stützen sich – im Sinne eines letzten Ausbaus der Methode – nur auf das Material, das der Versuch selbst ergibt: Ziffern. Die vergleichende Bewertung ergab im Durchschnitt den Übereinstimmungsgrad 2, also Übereinstimmung im wesentlichen. Die Berechtigung und Ergiebigkeit einer graphologischen Verwertung der Ziffern des Arbeitsversuches steht somit fest.

Eine letzte Frage bleibt zu beantworten, nachdem der Wert des Verfahrens erhärtet ist auf Grund einer offensichtlichen Bewährung: *Inwieweit kann die Persönlichkeit als solche erfaßt werden über die bloße Leistung hinaus?* Von vornherein ist es wahrscheinlich, daß eine solche Möglichkeit besteht; denn scharfe Trennungslinien lassen sich im Bereich des Psychischen überhaupt nicht ziehen, gewiß nicht innerhalb der psychischen Ganzheit der Persönlichkeit. (Vgl. hierzu HENCKEL und die Arbeitskurve eines Marathonläufers, Abb. 22.) Schon aus dem, was bisher gesagt wurde, läßt sich das entnehmen. Der peinlich Gewissenhafte, unbedingt Zuverlässige in der Arbeit – gleich, welche er ergreift – wird auch gegenüber Personen (seinesgleichen) ein entsprechendes Verhalten an den Tag legen im Sinne der Vertrauenswürdigkeit. Wer sich streng beherrscht in der Sache, wird sich kaum anders verhalten gegenüber Personen. Ist so schon ein gewisser Fingerzeig gegeben, so bedeutet es einen außerordent-

lichen Fortschritt, die gehegte Vermutung nun in erweiterter Form bestätigt zu finden, wie aus den Untersuchungen von E. ZORELL hervorgeht. Der Anfangsverlauf der Arbeitskurve hat danach einen spezifischen Symptomwert in sozialer Hinsicht. Ist er normal, d. h. erstreckt er sich auf die ersten 10 Minuten, so läßt das auf entsprechende Einstellungsfähigkeit schließen. Verzögert er sich aber deutlich, so daß der eigentliche Leistungsanstieg erst nach 20 oder gar 30 Minuten erfolgt, so deutet das auf bestimmte innere Erschwerungen oder Hemmungen. Solche bestehen dann, wie die Erfahrung zeigt, besonders auch gegenüber der Mitwelt. Ein Mangel an Kontakt ist unverkennbar. Bei den Jugendlichen stellen sich so die Einzelgänger dar, die sich schwer anschließen, die Schwierigkeiten mit den Lehrern haben und dergleichen mehr. Mit anderen Worten: auch die Gesamtpersönlichkeit wird durch den Arbeitsversuch mindestens bis zu einem gewissen Grad erfaßt.
Seit dem Erscheinen der dritten Auflage des Pauli-Tests wurde seine Bewährung u. a. aus folgenden Bereichen bekannt: LAWRENCE WASSERMANN berichtete von Untersuchungen bei General Telephone-Company, in denen Vergleiche zwischen Arbeitsverdiensthöhe, Urteil des Vorgesetzten, Ergebnissen der General-Aptitude-Test-Battery und den Ergebnissen des Rechenversuchs angestellt wurden. Ferner wurden Untersuchungen der General Electric-Company mitgeteilt mit dem Ergebnis, daß dieser Konzentrationstest ein ausgezeichnetes Mittel sei, um Bewerber für „clerical-work" auszulesen.
Der Einfluß der unterschiedlichen Beleuchtungsweise auf die Schülerleistung wurde untersucht von FIRGAU und AURIN.
BOTTENBERG und WEHNER befaßten sich eingehend mit der Verwendbarkeit des Pauli-Tests für die Persönlichkeitsdiagnose.
Zum Nachweis der Abhängigkeit einer kurzzeitigen Konzentrationsleistung von der Tageszeit bei Kindern und Jugendlichen äußerten sich M. FISCHER und G. ULICH.
Zum Nachweis von Herzrhythmik-Merkmalen als Indikatoren psychischer Anstrengungen verwendete BARTENWERFER den Pauli-Test.
HITPASS untersuchte mit Hilfe des Pauli-Tests den Voraussagewert von Aufnahmeprüfungen und die Eignung für weiterführende Schulen.
1963 hat HITPASS und 1965 GEBAUER jeweils an mehreren hundert Knaben bzw. Knaben und Mädchen festgestellt, daß der Pauli-Test nach drei Bewährungsjahren eine Korrelation mit den Schulleistungen in

Höhe von 0,2 und nach sechs Bewährungsjahren in Höhe 0,34 aufweist. Die Korrelationen zwischen Schulleistungen und der Kombination aus Hamburg-West-Yorkshire-Gruppentest (HYGIT) und Pauli-Test wurden errechnet in Höhe von 0,51 nach drei Jahren, 0,65 nach sechs Jahren, „wobei die aus dieser Testkombination ermittelten Koeffizienten deutlich höher lagen als diejenigen für den HYGIT allein" (zitiert nach RÜDIGER, S. 188).

In Pauli-Test-Vergleichsuntersuchungen an deutschen und amerikanischen Volks- und höheren Schülern stellte sich heraus, daß die amerikanischen Schüler in ihren Leistungsquotienten jeweils mindestens um den Unterschied eines Jahrganges gegenüber gleichaltrigen deutschen Schülern zurückstanden. Von amerikanischer Seite wurde daraus die Schlußfolgerung gezogen, daß deutsche Schüler ein höheres Maß an Konzentration aufbringen und mehr auf Leistung und Perfektion bedacht sind (HAHN, EMERY u. a.).

In der Entwicklungspsychologie kann der Pauli-Test zur Klärung der Sachverhalte Retardation und Akzeleration beitragen. So fand U. UNDEUTSCH (1952) eine Korrelation zwischen der Gesamtadditionsmenge und einem Körpermaßindex aus Länge, Gewicht, Brustumfang in Höhe von 0,11. STEINWACHS und DANCKERS zeigten an 212 Lehrlingsbewerbern, daß die Akzelerierten den Dezelerierten überlegen sind in bezug auf Gesamtadditionsmenge, Fehler, Verbesserungen und Schwankung. Bei Jugendlichen mit einem uneinheitlichen (asynchronen) Entwicklungsstand fallen die Pauli-Test-Leistungen sowohl bei Akzelerierten wie bei Retardierten schwächer aus als bei Jugendlichen von einheitlichem Entwicklungstyp.

Aus den neuen Arbeiten über den Pauli-Test ragt die Untersuchung von RÜDIGER hervor, und zwar sowohl hinsichtlich des hier zugrunde liegenden Erfahrungsbereiches (n = 475 Volksschüler des 10. Lebensjahres) wie hinsichtlich der durchgeführten Bewährungskontrolle nach Ablauf von weiteren drei Jahren (in der 8. Volksschulklasse bzw. 4. Oberschulklasse). Nach dreijährigem Oberschulbesuch wurde für 91 Übertrittsschüler der Bewährungskoeffizient des Pauli-Tests errechnet und zwar unter Aufschlüsselung der schulischen Leitungen in Notenstufen (2–5); dabei ergab sich eine Übereinstimmung von 73%.

Außerdem erwies sich, daß zwischen dem Pauli-Test und dem Fach Rechnen sich kein engerer Zusammenhang ergab als zwischen dem Pauli-

Test und den anderen Fächern (0,46–0,49). Darüber hinaus wies RÜDIGER nach, daß die Rechenfähigkeit beim Pauli-Test eine geringere Rolle spielt als beim Konzentrationsleistungstest. Beim letzteren sind „komplexe Leistungsfaktoren" stärker beteiligt als beim Pauli-Test, für den Leistungswille, Beharrlichkeit bei motivarmen Aufgaben und eine fixierende Konzentration und Aufmerksamkeitsrolle im Vordergrund stehen. RÜDIGER hatte ursprünglich Bedenken (veranlaßt durch INGENKAMP), den Pauli-Test überhaupt in seine Untersuchung mit einzubeziehen (S. 185). In seiner Würdigung kommt er aber zu folgendem Ergebnis: „Dank seiner exakten Durchführungs- und Verrechnungsnormen darf der Pauli-Test als „objektives" Verfahren angesprochen werden. Als besonderer formaler Weg gegenüber den meisten anderen Konzentrations- und Leistungstests ist die Miteinbeziehung des Leistungsverlaufes in die Diagnose zu nennen. Gerade bei der Frage nach der Eignung für den Besuch der höheren Schule müssen wir ein Diagnostikum begrüßen, das uns für die Zeit einer ganzen Arbeitsstunde über die konzentrative Leistungsspannung einer Person (mit ihren Leistungsschwankungen und der Ermüdbarkeit genauso wie ihrer Anpassungsfähigkeit und Einstellbarkeit, ihrer Beharrlichkeit, Steigerungsfähigkeit und Kräfteökonomie) Aussagen zu vermitteln vermag ...
Wir glauben auf Grund eigener umfangreicher Untersuchungen zu wissen, daß ein Großteil der Oberschulversager an der von der Höheren Schule verlangten speziellen Arbeitshaltung und nicht infolge einer eigenen Mangelbegabung scheitert." (S. 187). (Vgl. hierzu auch ARNOLD 1968, S. 165ff.)
„Nach dem heutigen Stand der Psychodiagnostik gehört der Rechenversuch zu den ergiebigsten Testverfahren. Er gibt auch da noch wichtige Einblicke in die Willensstruktur einer Persönlichkeit, wo andere ansonsten bewährte diagnostische Verfahren versagen." (CHRISTIANSEN, S. 123)

Quellen- und Literaturverzeichnis

ACHTNICH, M.: Normwerte der Kraepelinschen Arbeitskurve für 10- bis 15-jährige Knaben und Mädchen und ihre Bedeutung für die Erfassung schwererziehbarer Kinder. Zürich 1946.

ARNOLD, W.: Leistung und Charakter. Eine methodologische Studie. Zeitschrift für angewandte Psychologie 53, 48–79 (1937).

ARNOLD, W.: Neue Erfahrungen mit dem Pauli-Test. Eine kritische Erwiderung. Zeitschrift für experimentelle und angewandte Psychologie 5, 534–541 (1958).

ARNOLD, W.: Beiträge zur Faktorenanalyse des Pauli-Tests. Psychologische Beiträge 5, 312–327 (1960).

ARNOLD, W.: Contribuciones al análisis factorial des test Pauli. Psicologia Industrial (Buenos Aires) 3, 25–38 (1962).

ARNOLD, W.: Zur theoretischen Grundlegung der arbeitswissenschaftlichen Probleme des Verkehrs, Beiheft 3 zu „Arbeitswissenschaft". Mainz 1965, 9–16.

ARNOLD, W.: Begabung und Bildungswilligkeit. München 1968.

ARNOLD, W.: Person, Charakter, Persönlichkeit, 3. Aufl. Göttingen 1969.

ASCHENBRENNER, A. und RAITHEL, W.: Die geistige Leistungskurve der Lungentuberkulösen. Zentralblatt für die gesamte Neurologie und Psychiatrie 177 (1944).

BAIER-JÜNGER, G.: Die Kretschmerschen Typen in ihrer Beziehung zum Arbeitsversuch von Kraepelin–Pauli. Dissertation, Wien 1949.

BARTENWERFER, H.: Herzrhythmik-Merkmale als Indikatoren psychischer Anspannung. Psychologische Beiträge 4, 7–25 (1960).

BARTENWERFER, H.: Mitteilung zur Frage der Reliabilität dreier Merkmale des Pauli-Tests. Diagnostika 9, 77–79 (1963).

BARTENWERFER, H.: Allgemeine Leistungstests. Handbuch der Psychologie, Bd. 6, Psychologische Diagnostik. Göttingen 1964, S. 385–410.

BAUMHOF, P.: Über den Zusammenhang von Paulitest-Variablen mit Rorschachtest-Variablen. Unveröffentlichte empirische Semesterarbeit am Psychologischen Institut (I) der Universität, Würzburg 1967.

BÄUMLER, G.: Über den Zusammenhang der Pauli-Test-Leistung mit den Leistungen in bestimmten „Eignungstests". Unveröffentlichte Zulassungsarbeit zum Vordiplom für Psychologen aus dem Psychologischen Institut (I) der Universität, Würzburg 1959.

BÄUMLER, G.: Zur Faktorenstruktur der Paulitestleistung unter besonderer Berücksichtigung des sogenannten numerischen Faktors. Diagnostika 10, 107–120 (1964).

BÄUMLER, G.: Statistische, experimentelle und theoretische Beiträge zur Frage der Blockierung bei fortlaufenden Reaktionstätigkeiten. Dissertation Würzburg 1967.

BÄUMLER, G.: Kritische Anmerkungen zur Verwendung des Paulitest-

Schwankungsprozents als individuellem Kennwert. Psychologie und Praxis 12, 133–139 (1968).

BÄUMLER, G. und DVORAK, H.-P.: Weitere Untersuchungen zur Zweifaktorentheorie der Leistungsmotivation. Psychologie und Praxis 13 (1969).

BÄUMLER, G. und WEISS, R.: Über den Zusammenhang der Paulitestleistung mit Intelligenzleistungen (IST-Amthauer, CFT-Cattell). Psychologie und Praxis 10, 27–36 (1966).

BÄUMLER, G. und WEISS, R.: Eine Zweifaktorentheorie der nach der TAT-Methode gemessenen Leistungsmotivation (Heckhausen). Psychologie und Praxis 11, 23–45 (1967).

BECKER, J.: Persönliche Mitteilungen über Erfahrungen mit der Arbeitskurve. 1955–1960. Psychol. Dienst des Arbeitsamtes Nürnberg.

BERGIUS, R.: Psychologische Untersuchungen über Wirkungen der Glutaminsäure. Jahrbuch für Psychologie und Psychotherapie 2, 21–70 (bes. 39ff.) (1954).

BERGMANN, E.: Der Einfluß der Situation auf die Intelligenzleistungen in der Schule. Welt der Schule 17, 161–167 und 170–172 (1964).

BILLS, A. G.: Blockierung: A new principle of mental fatigue. Amer. J. Psychol. 43, 230–245 (1931).

BLUME, J.: Das Auffinden und der mathematische Nachweis der Existenz von Perioden in komplizierten Kurvenschrieben. Zeitschrift für Kreislaufforschung 44 (1955).

BLUME, J.: Analyse des Arbeitsablaufs zur Erfassung klinisch-psychologischer Wechselwirkung. Archiv für physikalische Therapie 8, Nr. 4 (1956).

BLUME, J.: Rhythmische Arbeitsweise von Patienten im Pauli-Test und klinische Diagnose. Zeitschrift für die gesamte experimentelle Medizin 132, 247–264 (1959).

BLUME, J.: Zur Periodik in Leistungskurven wiederholter Paulitests. Zeitschrift für experimentelle und angewandte Psychologie 11, 608–615 (1964).

BLUME, J.: Nachweis von Perioden durch Phasen- und Amplitudendiagramm mit Anwendungen aus der Biologie, Medizin und Psychologie. Köln 1965.

BOCHOW, R.: Erfahrungen mit einer Abwandlungsform des Pauli-Tests (20 × 1 Min.). Zeitschrift für experimentelle und angewandte Psychologie 14, 570–599 (1967).

BOCK, H.: Untersuchungen mit dem Pauli-Test über das Problem der Arbeitswilligkeit. (Zitiert nach FAUTH).

BOTTENBERG, E. H.: Rorschachtest: Pragmatische Untersuchungen zur diagnostischen Valenz einer Modifikation. Psychologie und Praxis 12, 22–38 (1968).

BOTTENBERG, E. H. und WEHNER, E. G.: Empirischer Beitrag zur Bestimmung der persönlichkeitsdiagnostischen Gültigkeit des Paulitests. Psychologie und Praxis 9, 155–174 (1965).

BOURQUIN, P.: Le rôle de la constitution et des antécédents psychiques dans la genèse des réactions névrotiques post-traumatiques. Dissertation, Lausanne 1948.

BRUNNER, A.: Die Testung der Daueraufmerksamkeit. Mitteilungen der Versuchsanstalt für Eignungsuntersuchung bei der BD München, Nr. 40 (1962).

BUNGE, P.: Der Einfluß von Lärm und Beatmusik auf die Pauli-Testleistung von Volksschulkindern. Unveröffentlichte Zulassungsarbeit zum Vordiplom für Psychologen aus dem Psychologischen Institut (I) der Universität, Würzburg 1968.

CHRISTIANSEN, E. R.: Intelligenz und Wille in der Arbeitskurve. Archiv für die gesamte Psychologie 118, 98–161 (1966).

CORRELL, W.: Lernpsychologie. Donauwörth 1963.

DRÖSLER, J.: Ein besonders empfindlicher Indikator für den Lernfortschritt und der Bush-Mosteller-Operator. Zeitschrift für experimentelle und angewandte Psychologie 11, 238–253 (1964).

DUKOR, B.: Die psychogenen Reaktionen in der Versicherungsmedizin. Schweizerische medizinische Wochenschrift Nr. 16, 18 und 19, besonders S. 500 (1950).

EICHHORN, O. und TATZEL, H.: Erfahrungen aus der Praxis: Neue Wege zur Behandlung hirnorganischer Abbauprozesse. Ärztliche Praxis XV/20, 1263ff. (1963).

ENDRES, N.: Der Pauli-Test. Erstellung von Normwerten bei Volksschülern und Untersuchungen zur Frage der Menge-Güte-Konkomitanz. Unveröffentlichte Zulassungsarbeit zum Vordiplom für Psychologen aus dem Psychologischen Institut (I) der Universität, Würzburg 1965.

FAUTH, E.: Testuntersuchungen an Schulkindern nach der Methode des fortlaufenden Addierens. Archiv für die gesamte Psychologie 51, 1–20 (1925).

FIRGAU, H.-J. und AURIN, K.: Kurzbericht über die Untersuchung der Schülerleistung bei unterschiedlichen Beleuchtungsverhältnissen. Der Schulpsychologe 8, 19–23 (1966).

FISCHER, M. und ULICH, E.: Über die Abhängigkeit einer kurzzeitigen Konzentrationsleistung von der Tageszeit bei Kindern und Jugendlichen verschiedenen Alters. Zeitschrift für experimentelle und angewandte Psychologie 8, 282–296 (1961).

GEBAUER, TH.: Vergleichende Untersuchungen über den Voraussagewert von Aufnahmeprüfung und Testuntersuchung für den Erfolg auf weiterführenden Schulen. In: Schülerkonflikt und Schülerhilfe. Weinheim 1965.

GEER, J. P. VAN DE: De Analyse van Arbeidscurven. Nederlands Tijdschrift voor de Psychologie en Haar Grensgebieden. 233–246 (1962).

GRUHNWALD, E. und ULICH, E.: Über die Anwendung des Arbeitsversuches bei psychisch Beeinträchtigten unter besonderer Berücksichtigung einer

Untersuchung an taubstummen Jugendlichen. Zeitschrift für experimentelle und angewandte Psychologie 6, 274–292 (1959).

HAGER, W. und PAULI, R.: Arbeitsversuch und Graphologie. Zeitschrift für angewandte Psychologie 65, 320–362 (1943).

HAHN, H.: Briefliche Mitteilung über Erfahrungen mit dem Pauli-Test vom 6. September 1960.

Ferner folgende freundlicherweise überlassene Manuskripte aus dem Department of Psychology des Transylvania College, Lexington:

- a) CASSELL, L. L., ISAACS, H. J. and LOVELL, CH. B.: Krhh-Test-Pauli-Revision, Maudsley Personality Inventory, Maudsley Questionnaire.
- b) DAUGHARTY, E. J.: The Kraepelin One Hour Concentration Test. "I cannot, as the result of this work, make a positive statement that a shorter time interval will give the same results as the full hour".
- c) EMERY jr., W. R., DOSHNA jr., J. and ASTLES III, W. P.: A Comparison between German and American Results on the Maudsley Test I and II and the Kraepelin one Hour Concentration Test.
- d) GAUPIN, T.: The Kraepelin One Hour Concentration Test.
- e) GUSS, D. F.: Es wird eine Variation des Arbeitsversuches entwickelt: Anstreichen von vorgegebenen Fehladditionen, also eine Konzentrations- und Aufmerksamkeitsprüfung kürzerer Dauer.
- f) HOCH, J.: Die Wirkung des Oxygens im Arbeitsversuch. Es werden signifikante Unterschiede zum Normalversuch nachgewiesen.
- g) PEDLEY, J. C. and BUTLER, J.: Ein Vergleich zwischen Normalen und seelisch Gestörten auf Grund des Arbeitsversuches; die normale Gruppe war in jeder Beziehung überlegen.
- h) WALTON, W. T.: A Comparative Study of Concentration and Will Power among Criminals and Non-criminals. Der Exaktheitskoeffizient nach HAHN beträgt für Kriminelle 2,66, für Durchschnittsbevölkerung 1,08, für Studenten mit hohem IQ. 0,39, für Studenten mit niederem IQ. 0,73.
- i) WASSERMANN, L.: A Research Paper on the Kraepelin-Concentration-Test.

HAMMER, M.: Vergleich zwischen den Ergebnissen des Pauli-Tests und denen des Intelligenz-Struktur-Tests. Unveröffentlichte Zulassungsarbeit zum Vordiplom für Psychologen aus dem Psychologischen Institut (I) der Universität, Würzburg 1959.

HARTH, H.: Bestimmung der Blockreaktionen bei geistig fortlaufender Tätigkeit mit Hilfe eines graphischen Verfahrens. Unveröffentlichte Zulassungsarbeit zum Vordiplom aus dem Psychologischen Institut (I) der Universität Würzburg, 1969.

HEIKKINEN, V.: Arbeitskurvenversuche mit 9–13jährigen Volksschülern. Die Ergebnisse mit Spezialklassen verglichen mit den Ergebnissen der Intelligenztests (Salomaa) sowie des Rorschach- und Behn–Rorschach-Testes. Turun, Yliopiston Julkaisuja 41, 1–145 (1952).

Henckel, E.: Über einen außergewöhnlichen Arbeitsversuch. Psychologische Rundschau 3, 57 ff. (1952).

Herberg, L. J.: Eye-movements in relation to the eeg alpha rhythm, speed of work and intelligence score. Journal of the National Institute for Personnel Research 7, 98–103 (1957).

Hitpass, J.: Die prognostische Leistungsfähigkeit von Tests im Hinblick auf den Erfolg in den weiterführenden Schulen. Neue deutsche Schule 3, 45–47 (1960).

Hitpass, J.: Vergleichende Untersuchung über den Voraussagewert von Aufnahmeprüfung und Testprüfung zur Erfassung der Eignung für die weiterführenden Schulen. Schule und Psychologie 8, 65–71 (1961).

Hitpass, J.: Bericht über eine sechsjährige Bewährungskontrolle von Aufnahmeprüfung und Testprüfung. Schule und Psychologie 10, 211–218 (1963).

Hörl, E.: Der Pauli-Test. Normierung für Berufsschüler mit Volksschulvorbildung. Unveröffentlichte Zulassungsarbeit zum Vordiplom für Psychologen aus dem Psychologischen Institut (I) der Universität, Würzburg 1966.

Hotelling, H.: Analysis of a complex of statistical variables into principal components. Journal of Educational Psychology 24, 417–441; 498 ff. (1933).

Kakuo Ito: Factorial Studies on the Work Curve of Uchida–Kraepelin Psychodiagnostic Test. The Japanese Journal of Psychology 2, 31 (1960).

Karn, H. W.: Arbeit und Arbeitsbedingungen. In: Haller-Gilmer (Hrsg.), Handbuch der modernen Betriebspsychologie, S. 219–236. 1969.

Kashiwagi, S.: Study on the Validity of Uchida–Kraepelin-Test. Japanese Journal of Psychology 35, 93 (1964).

Katz, D.: Gestaltpsychologie, 2. Aufl. Basel 1948.

Kerrich, J. E.: Note on Mr. Robert's article on "Artifactor"-analysis. Journal of the National Institute for Personnel Research 7 (1959).

Kohlmann, Th.: Psychologische Untersuchungen mit Rorschach- und Kraepelin-Versuch an vegetativen Neurosen. Zeitschrift für diagnostische Psychologie und Persönlichkeitsforschung 2, 101–126 (1954).

Kohlmann, Th. und Rett, A.: Klinische und psychologische Untersuchungen über die Wirkung von Pyrithioxin bei gehirngeschädigten Kindern und Jugendlichen. Medizinische Welt 43, 2180–2185 (1963).

Kraepelin, E.: Die Arbeitskurve. Wundts Psychologische Studien 19 (1902).

Kraepelin, E.: Über Ermüdungsmessungen. Archiv für die gesamte Psychologie 1, 9–30 (1903).

Kraepelin, E.: Gedanken über die Arbeitskurve. Psychologische Arbeiten 7 (1922).

Kretschmer, E.: Körperbau und Charakter, 22. Aufl. Berlin 1955, S. 313 u. 330.

Krieger, P. L.: Die Daueradditionsaufgabe bei Hirnverletzten. Psychiatrie, Neurologie und medizinische Psychologie 16, 455–464 (1964).

Krieger, P. L.: Das Kopfrechnen bei Hirnverletzten. Psychiatrie, Neurologie und medizinische Psychologie 19, 241–246 (1967).

Kristof, W. und Lienert, G. A.: Zur Theorie der Fehlerverteilung im fortlaufenden Arbeitsversuch. Psychologische Beiträge 6, 26–31 (1961).

Kritzinger, H. H.: Praktische Bioklimatik, insbesondere der Luftelektrizität im Freien und im Wohnraum. Fortschritte der Medizin 18, 75 (1957).

Kuraishi, Kato and Tsujioka: Development of the "Uchida–Kraepelin Psychodiagnostic Test" in Japan. Psychologia, International Journal of Psychology in the Orient 1 (1957).

Ein Handbuch des Uchida–Kraepelin-Tests ist in Tokio 1957 erschienen. Weitere einschlägige Literatur findet sich in dieser Arbeit.

Läpple, E.: Die Arbeitskurve als charakterologisches Prüfverfahren. Zeitschrift für angewandte Psychologie 60, 1–63 (1940).

Läpple, E.: Eine neue vereinfachte Durchführung zur Auswertung des Arbeitsversuches. Zeitschrift für angewandte Psychologie 62, 370–378 (1942).

Leiner, M.: Experimentelle Untersuchungen der geistigen Arbeitsleistung von Schülern höherer Lehranstalten. Archiv für die gesamte Psychologie 58, 187–229 (1927).

Lienert, G. A.: Über Schwankungen im Arbeitsversuch und ihre Beziehung zum Poisson-Gesetz. Psychologische Beiträge 4, 76–90 (1960).

Marca, A. L.: Ist der Kraepelinsche Arbeitsversuch ein brauchbares Mittel zur Diagnose einer Hirnleistungsschwäche? Dissertation, Zürich 1959.

Maritz, J. S.: Note on "Artifactor"-analysis. Journal of the National Institute for Personnel Research 7 (1959).

Meili, R.: Psychologische Diagnostik. Bern 1951, S. 110ff.

Merz, F.: Über die Beurteilung der persönlichen Eigenart unserer Mitmenschen. Archiv für die gesamte Psychologie 114, 187–212 (1962).

Moede, W.: Die Leistungsprobe in der Eignungsuntersuchung. Industrielle Psychotechnik 1, 13 (1936).

Moor, P. und Zeltner, M.: Die Arbeitskurve. Eine Anleitung für die Durchführung des Additionsversuches von Kraepelin als Hilfsmittel bei der Erfassung von schwererziehbaren Kindern und Jugendlichen. Hausen a. A. 1944.

Pauli, R.: Untersuchungen zur Methode des forlaufenden Addierens. Zeitschrift für angewandte Psychologie Beih. 29 (1921).

Pauli, R.: Experimentelle und methodische Untersuchungen zur Testpsychologie. Bericht über den 1. Kongreß für Heilpädagogik 1922.

Pauli, R.: Psychologie der Neuzeit. Archiv für die gesamte Psychologie 93, 520–570 (1935).

Pauli, R.: Beiträge zur Kenntnis der Arbeitskurve. Archiv für die gesamte Psychologie 97, 465–532 (1936).

PAULI, R.: Die Arbeitskurve als ganzheitlicher Prüfungsversuch (als Universaltest). Archiv für die gesamte Psychologie 100, 401–423 (1938).
PAULI, R.: Fortschritte der Arbeitspsychologie. Boreas-Festschrift. Athen 1939.
PAULI, R.: Der Arbeitsversuch als ganzheitlicher Prüfungsversuch, insbesondere als charakterologischer Test. Charakter und Erziehung. Bericht über den XII. Kongreß der Deutschen Gesellschaft für Psychologie. Leipzig 1939.
PAULI, R.: Die Arbeitskurve in der psychologischen Zwillingsforschung. Archiv für die gesamte Psychologie 108, 412–424 (1941).
PAULI, R.: Die Arbeitsform der Introvertierten und Extravertierten. Zeitschrift für pädagogische Psychologie und Jugendkunde 45 (1944).
PAULI, R.: Charakterologisches Prüfverfahren (Arbeitsversuch und Schule). Zeitschrift für pädagogische Psychologie und Jugendkunde 45 (1944).
PAULI, R.: Die Arbeitskurve als Abbild der Leistungspersönlichkeit. Zentralblatt für Arbeitswissenschaft und soziale Betriebspraxis 9, 4 (1950).
PAULI, R. und ARNOLD, W.: Psychologisches Praktikum, 6. Aufl. Stuttgart 1957.
PITTRICH, H.: Orientierungsstörungen im Eigen- und Fremdraum bei ein- und doppelseitiger Parietalverletzung. Allgemeine Zeitschrift für Psychiatrie 125 (1949).
PITTRICH, H.: Persönlichkeit und Leistung des Hirnverletzten im Arbeitsversuch. Zentralblatt für die gesamte Neurologie und Psychiatrie 107 (1949).
PLÖSSL, P.: Die Arbeitskurve als diagnostisches Hilfsmittel bei Schwererziehbarkeit. Zeitschrift für angewandte Psychologie 61 (1941).
POHL, M.: Das Leistungsbild weiblicher Jugendlicher. Eine unveröffentlichte Untersuchung aus dem Nachlaß von R. PAULI, 1939.
REMPLEIN, H.: Beiträge zur Typologie und Symptomatologie der Arbeitskurve. Zeitschrift für angewandte Psychologie Beih. 91 (1942).
RESAG, K.: Zum Problem der Bildung des Zahlenbegriffes beim Kinde. Schule und Psychologie 11, 97–107 (1964).
RETTER, H.: Der Pauli-Test. Normwerte, Zuverlässigkeitskontrollen, Interkorrelationen, und korrelative Beziehungen zum Intelligenz-Struktur-Test. Unveröffentlichte Zulassungsarbeit zum Vordiplom für Psychologen aus dem Psychologischen Institut (I) der Universität, Würzburg 1962.
REUNING, H.: The Pauli-Test: New findings from factor analysis. Journal of the National Institute for Personnel Research 7, 3–27 (1957).
REUNING, H.: Pauli-Test profiles of a group of medical Students in relation to their IQ's and first year University results. Reprint from Proceedings of the South African Psychological Ass.
REUNING, H.: Erfahrungen mit dem Pauli-Test in der Temperaments- und Persönlichkeitsforschung. Umschau 20 (1958).

REUNING, H.: Why not artifactor analysis? Journal of the National Institute for Personnel Research 7 (1959).
ROBERTS, A. O. H.: "Artifactor-analysis": Some theoretical background and practical demonstrations. Journal of the National Institute for Personnel Research 7 (1959).
ROHRACHER, H.: Kleine Charakterkunde, 9. Aufl. München 1961.
ROLOFF, E. A.: Intelligenz und Schulleistung. Experimenteller Vergleich zwischen verschiedenen Schularten. Schule und Psychologie 4, 306–314 (1957).
RÜDIGER, D.: Oberschuleignung. Theorie und Praxis der psychologischen Eignungsuntersuchungen. Schriften der Pädagogischen Hochschulen Bayerns. München 1966.
SCHÄFER, I.: Empirische Untersuchung über den Zusammenhang zwischen Konzentration, emotionaler Belastbarkeit und einigen Kriterien der Erziehungssituation. Unveröffentlichte Zulassungsarbeit zum Vordiplom für Psychologen aus dem Psychologischen Institut (I) der Universität, Würzburg 1967.
SCHMIDT, A. L.: Untersuchung der Korrelation zwischen dem Pauli-Test, dem Intelligenz-Struktur-Test (Amthauer) und der Durchschnittsnote aus den Prüfungen des 2. und 4. Semesters beim Ingenieurlehrgang. Persönliche Mitteilungen 1959.
SCHNEIDER, W.: Bestimmung und Charakterisierung der unabhängigen Dimensionen bei Variablen des Arbeitsversuches nach R. PAULI. Dissertation, Köln 1963.
SCHORN, A.: Erstellung von Normwerten für den Pauli-Test und Vergleich der Pauli-Fehlerstichprobe mit der Gesamtfehlerzahl. Unveröffentlichte Zulassungsarbeit zum Vordiplom für Psychologen aus dem Psychologischen Institut (I) der Universität, Würzburg 1964.
SHOUL, S. M. and REUNING, H.: Speed and variability components in Pauli-Test, CFF and alpha rhythm. Journal of the National Institute for Personnel Research 7, 28–44 (1957).
SIKU, L.: Über die Zusammenhänge zwischen Pauli-Test und anderen Aufmerksamkeitstests. Unveröffentlichte Zulassungsarbeit zum Vordiplom für Psychologen aus dem Psychologischen Institut (I) der Universität, Würzburg 1959.
SKAWRAN, P. R.: Seelische Kräfte und ihre Rhythmik. Freiburg 1965.
SOEWARJO: Untersuchungen über Motivation und Anspruchsniveau. Experimentelle Arbeit im Psychologischen Institut der Universität, Würzburg 1959.
STANZEL, A.: Zur Abhängigkeit der in thematischen Apperzeptionsverfahren verbal geäußerten Motivstärke von motivunspezifischen Faktoren. Unveröffentlichte Zulassungsarbeit zum Vordiplom für Psychologen aus dem Psychologischen Institut (I) der Universität, Würzburg 1968.
STEINWACHS, F. und DANCKERS, U.: Konstitutionelle Entwicklung und Lei-

stung. Zeitschrift für menschliche Vererbungs- und Konstitutionslehre 31 (1953).
STIRN, A. und STIRN, H.: Erfahrungen mit dem Pauli-Test. Zentralblatt für Arbeitswissenschaft und soziale Betriebspraxis 12, 152–155 (1958).
THOMAS, K.: Gemeinschaftsleistung bei den Konstitutionstypen. Dissertation, Marburg 1946.
TRÄNKLE, W.: Über das Verhalten von Herz- und Kreislaufkranken im Leistungsversuch nach PAULI. Archiv für physikalische Therapie 7 (1955).
TRÄNKLE, W.: Analyse des Arbeitsverlaufs zur Erfassung klinisch-psychologischer Wechselwirkung. Archiv für physikalische Therapie 4, 8 (1956).
TRÖGER, I.: Über die Beziehungen zwischen Persönlichkeits- und Motivationsstruktur. Psychologische Beiträge 6, 287–304 (1961).
UI CHIN SHAN: Beiträge zur Förderung der Pädagogik in Indonesien. Serie I. Bandung 1957. Übersetzt von SOEWARJO, Psychologisches Institut der Universität Würzburg.
ULICH, E.: Neue Erfahrungen mit dem Pauli-Test. Zeitschrift für experimentelle und angewandte Psychologie 5, 108–126 (1958).
ULICH, E.: Bemerkungen zu einer „Kritischen Erwiderung". Zeitschrift für experimentelle und angewandte Psychologie 5, 706–710 (1958).
UNDEUTSCH, U.: Somatische Akzeleration und psychische Entwicklung der Jugend der Gegenwart. Studium generale 5 (1952).
UNDEUTSCH, U.: Auslese für und durch die höhere Schule. Vortrag auf dem XXII. Kongreß der Deutschen Gesellschaft für Psychologie 1959.
WEBER, A.: Über die psychologische Wirkung des Cafilons; nachgewiesen an den Symptomen des Pauli-Tests. Unveröffentlichte Zulassungsarbeit zum Vordiplom für Psychologen aus dem Psychologischen Institut (I) der Universität, Würzburg 1957.
WEISS, G.: Der charakterologische Arbeitsversuch (Pauli-Test) in seiner Anwendung bei Blinden. Dissertation, München 1950.
WIRTH, R.: Der diagnostische Wert und die praktische Verwendbarkeit der Arbeitskurve bei Berufsuntersuchungen. Zeitschrift für Arbeitspsychologie und praktische Psychologie im allgemeinen 11 (1938).
WIRTH, R.: Schwankung und Rhythmus in der Arbeitskurve. Zeitschrift für Arbeitspsychologie und praktische Psychologie im allgemeinen 11 (1938).
WOLFF, CH. J. DE: A Factor Analysis of the old and the new Test Battery of the Royal Netherlands Navy. Nato Symposium of Defence Psychology. Oxford 1962, S. 77 ff.
ZOLLIKER, A.: Die Kraepelin'sche Arbeitskurve und ihre diagnostische Verwertbarkeit. Schweizer Archiv für Neurologie und Psychiatrie 33/34, I und II (I: S. 299–320; II: S. 143–153) (1934).
ZORELL, E.: Die weibliche Entwicklung nach Leistung und Charakter. Dissertation, München 1949.
ZÜLLICH, H.: Dauer der Arbeitsverrichtung und intra- und inter-individuelle Leistungsstreuung. Arbeitsökonomik 12, 618–627 (1968).

Anhang

Abbildungen · Tabellen · Auswertungsmanuale

Abbildungen

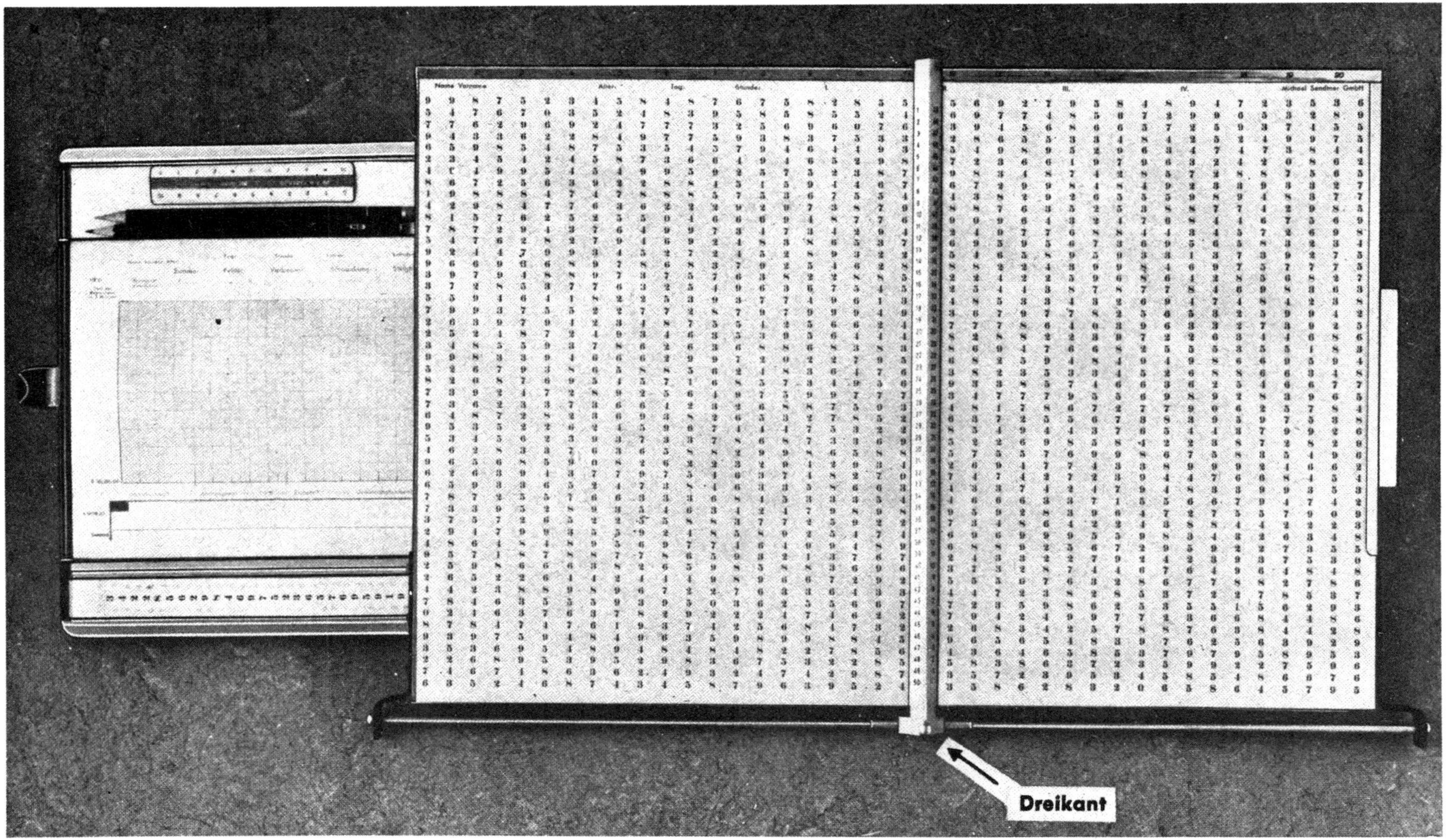

Abb. 1. Auswertungsgerät: Aufsicht bei geöffneter Materialschublade

Wesentlich ist der verschiebbare Dreikant, der beweglich oberhalb des Rechenbogens angebracht ist; er trägt die Ziffern 1 bis 50 entsprechend den Additionsabständen und erlaubt, deren jeweilige Anzahl auf dem Querstrich abzulesen (statt abzuzählen). Die Hunderter an Additionen (je 2 senkrechte Reihen) sind auf einer Metall-Leiste oben angegeben. Die Schublade enthält die Kontrollstreifen für bestimmte Additionsreihen, außerdem die sonstigen Behelfe.

Abb. 2 Neuer Zeitsignalgeber (Pauli-Uhr)

Beschreibung der Schaltknöpfe und Lampen

Auf der abgeschrägten hellen Fläche

    oben (von links): Netzschalter für „Ein – Aus"
                            Netzkontrollampe „Rot"
                            Netzsicherung 250 V 0.5 A

    unten rechts: Einstellknopf der gewünschten Zeit von 0–6 Minuten
                          (0 – 1 – 1,5 – 2 – 3 – 6)

Die weiße Lampe zeigt den Beginn der gewünschten Zeit an. Der Beginn einer gewünschten Zeit ist mit dem Knopf auf der waagrechten Fläche (oben) in Pfeilrichtung einzustellen. In Pfeilrichtung so lange drehen bis die weiße Lampe aufleuchtet, dann in gleicher Richtung noch 1–3 Rasten weiter drehen, bis die Lampe wieder erloschen ist. Somit hat man einen kurzen Vorlauf, bis das erste Zeichen ertönt.

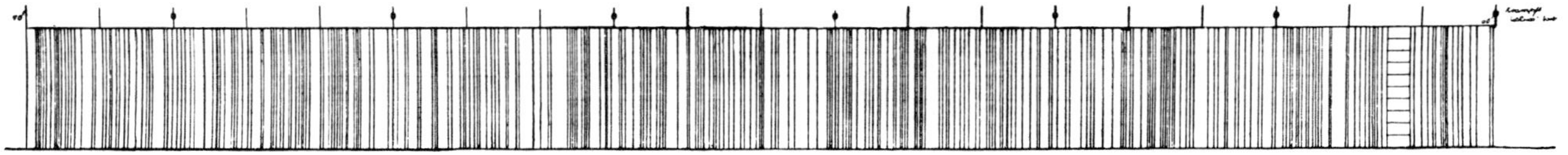

Abb. 3. Zeitspektrum des Arbeitsversuches

Jeder Vertikalstrich bedeutet eine Addition; oben die Zeitmarken. Deutlich ist die ruckweise (rhythmische) Arbeitsweise zu erkennen. Der Häufung folgt eine Unterbrechung (Pause). Die Querstrichelung rechts bedeutet den Seitenwechsel (Armverlagerung).

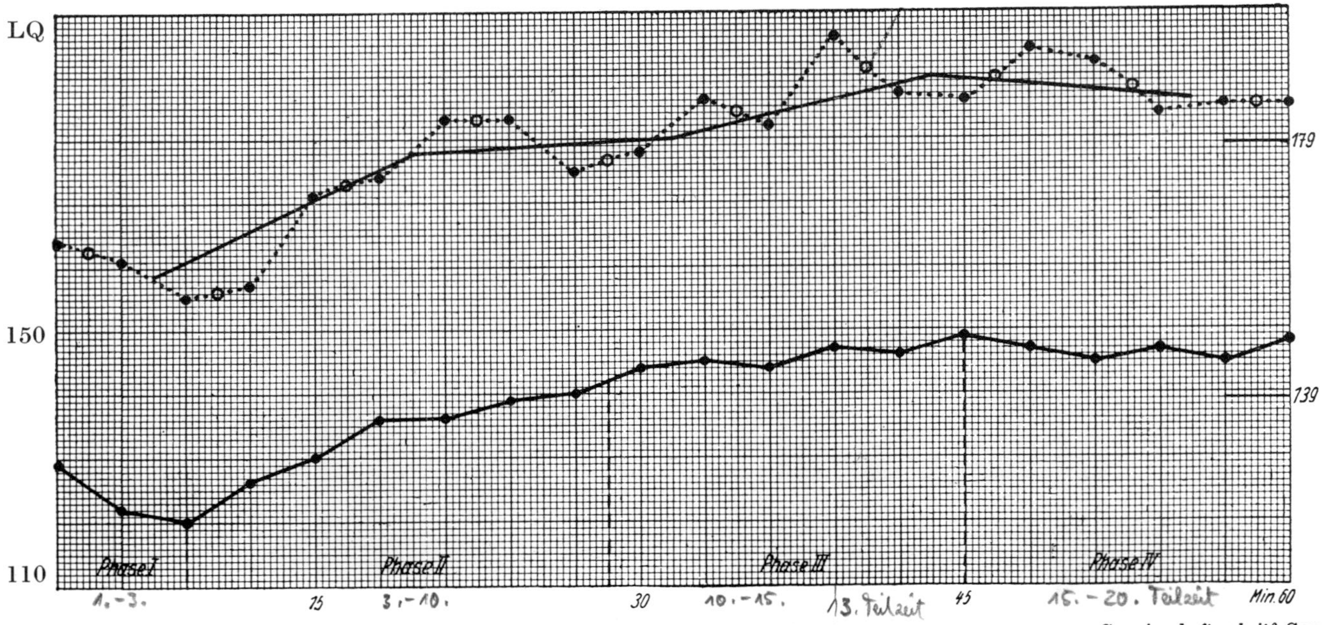

Abb. 4. Vordruck nebst Beispiel einer doppelt ausgeglichenen Individualkurve (oben) und einer typischen Mittelwertskurve einschließlich Phaseneinteilung (unten)

männl. 13-15 Jahre; PT: n = 400; Bourdon: n = 100.

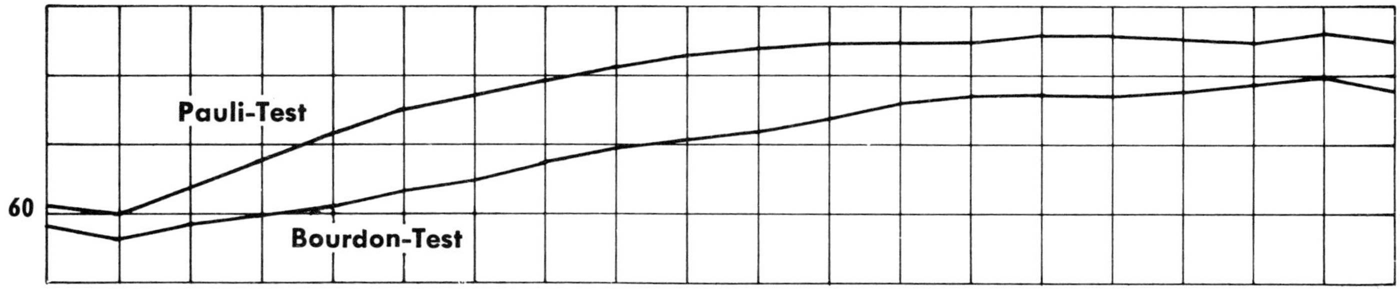

Abb. 5. Verlaufstyp I. PT und Bourdon-Test (nach J. Becker)

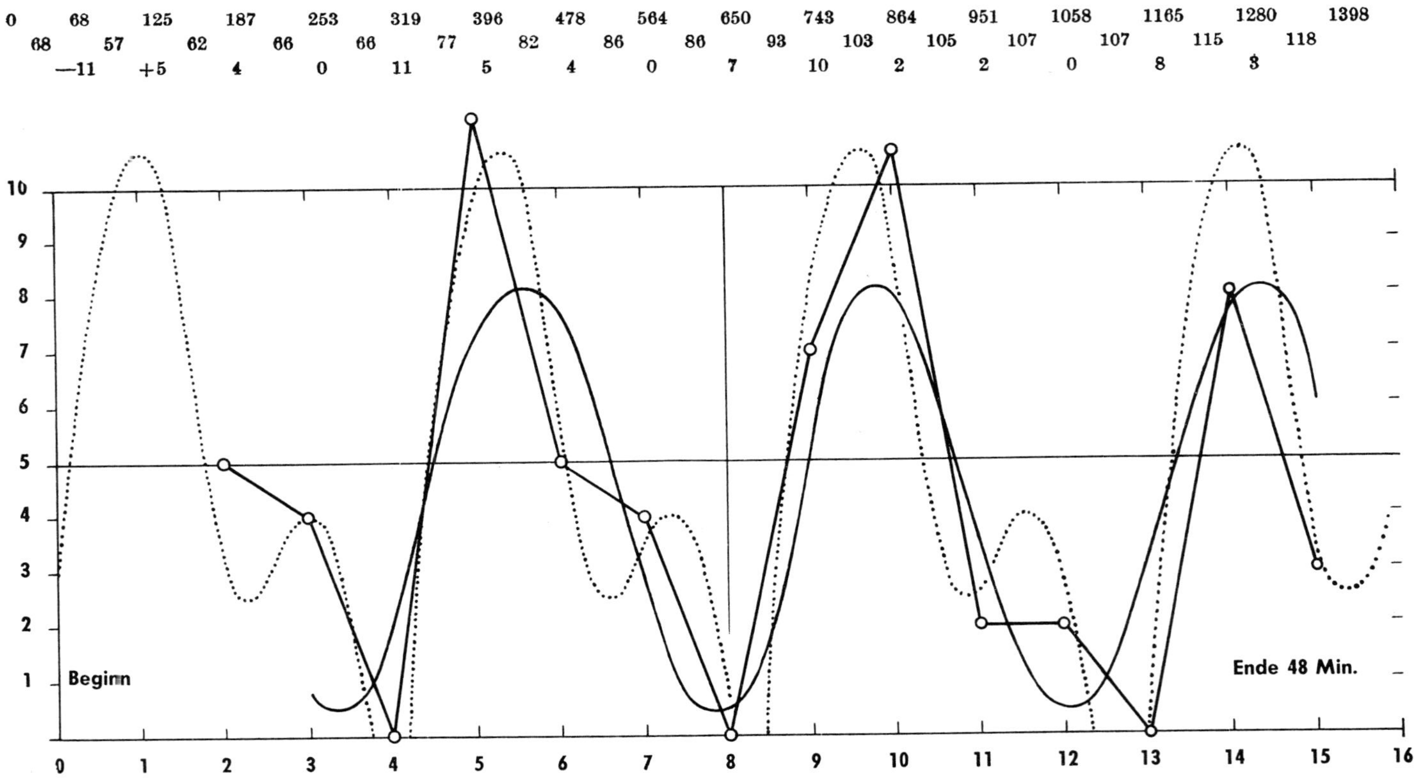

Abb. 6. Psychodynamische Impulse während eines Pauli-Testes (nach H. Kritzinger)

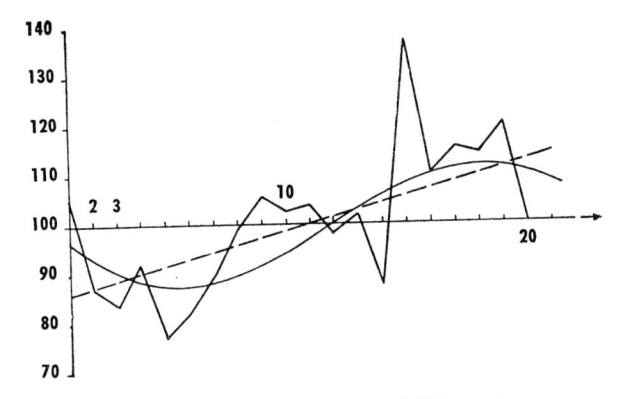

Abb. 7. Gruppe I (nach Blume)

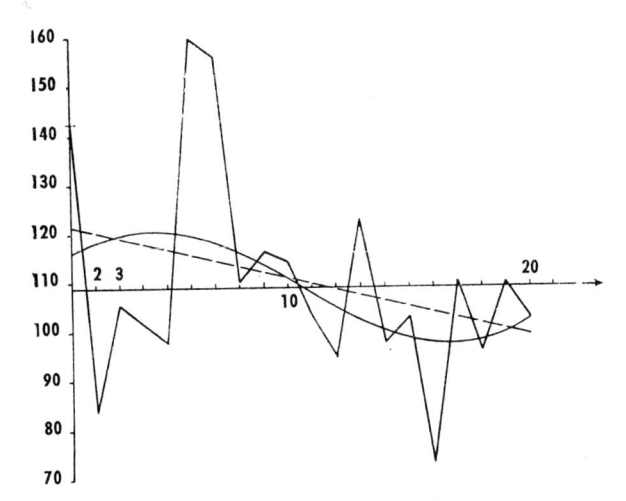

Abb. 8. Gruppe II (nach Blume)

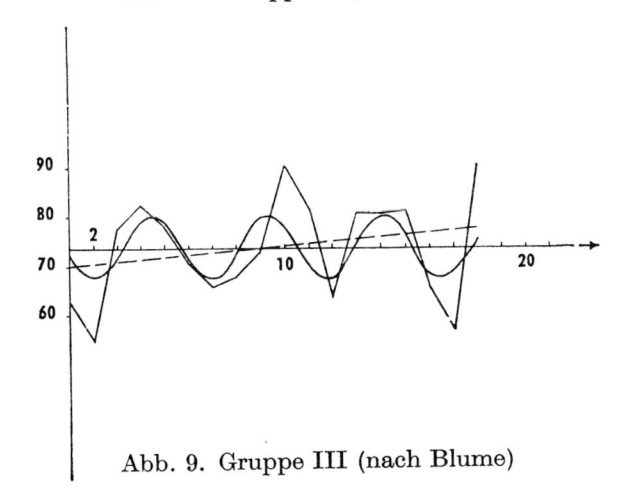

Abb. 9. Gruppe III (nach Blume)

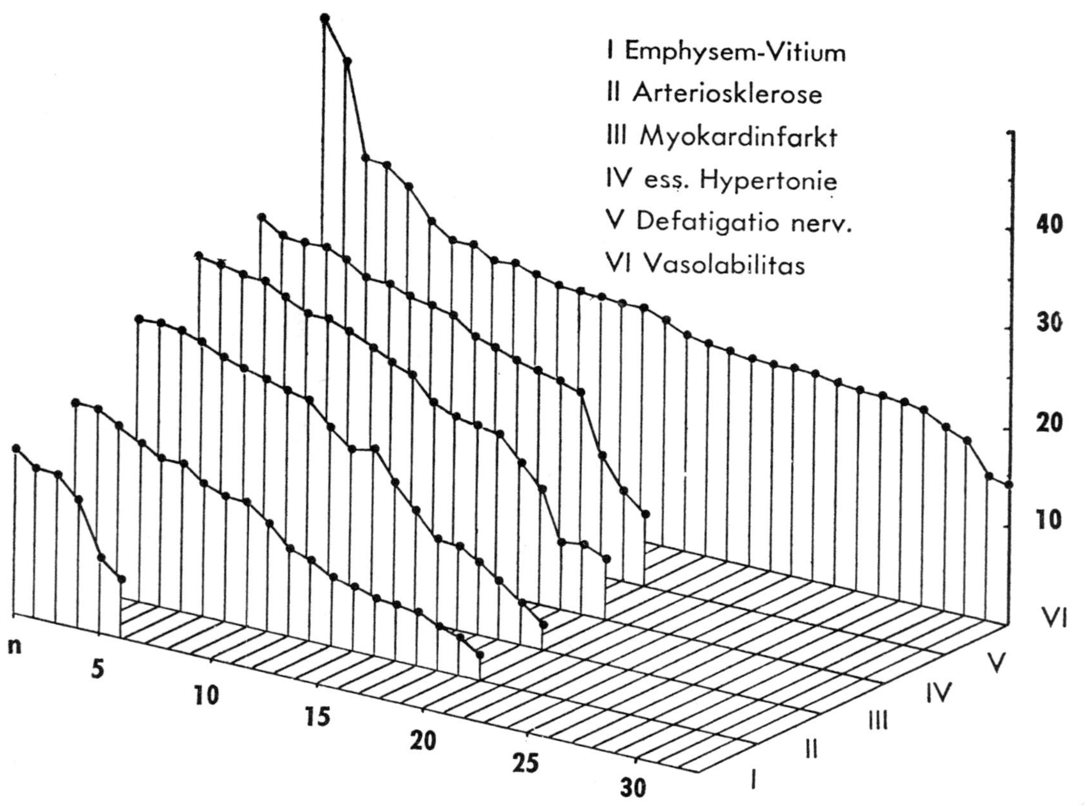

Abb. 10. Rangreihen der Frequenzbereiche (Differenz zwischen größter und kleinster Periode) nach Diagnosen im Arbeitsversuch nach Kraepelin-Pauli (aus Tränkle)

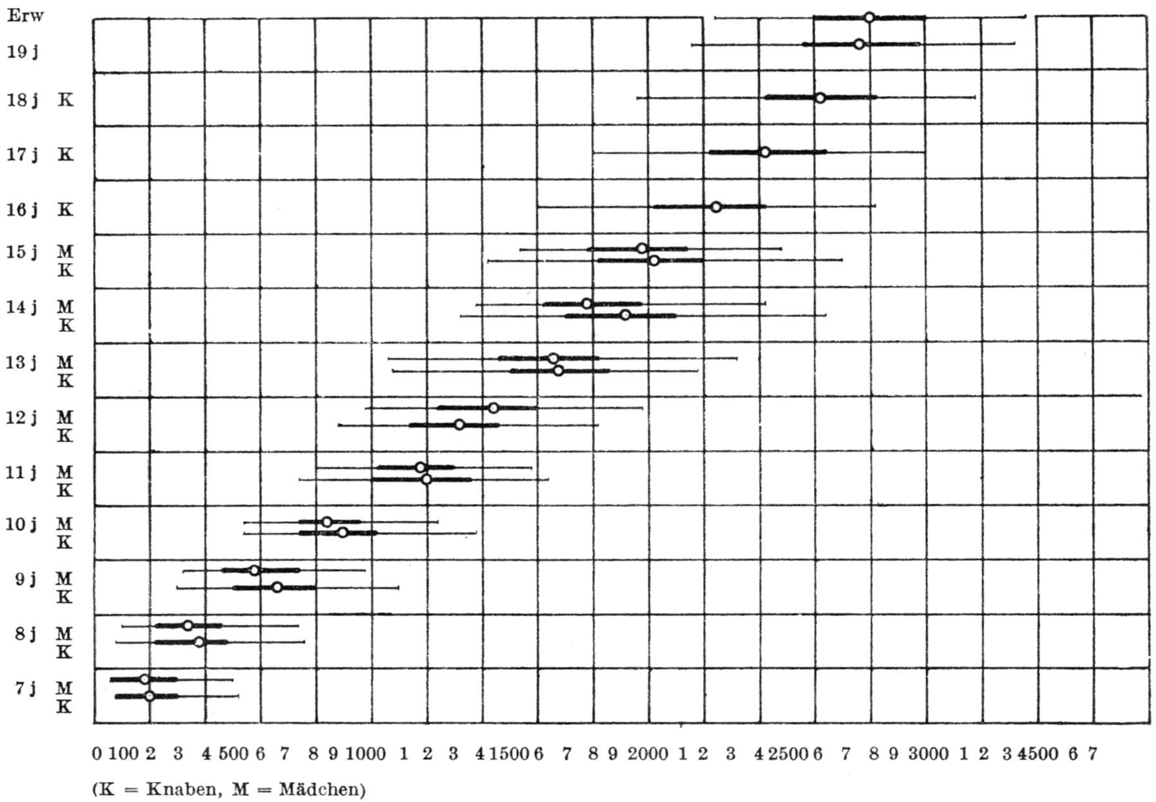

Abb. 11. Mengentabelle (nach Achtnich)

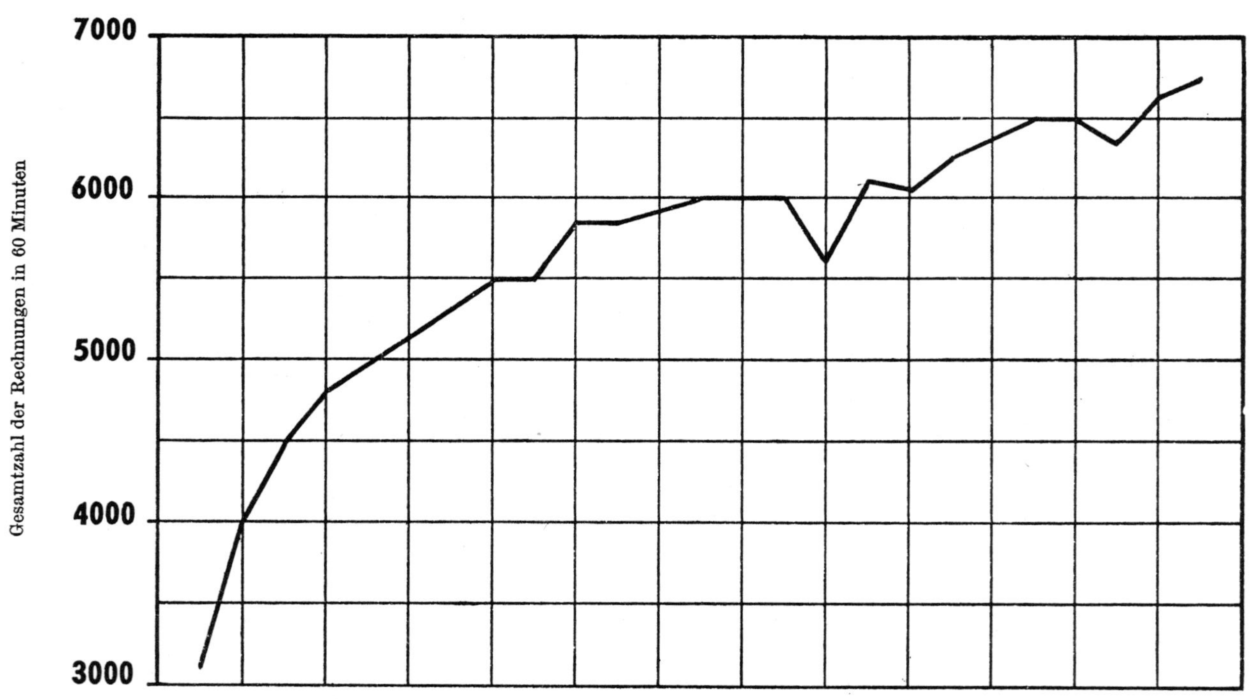

Abb. 12. Die Arbeitskurve im Verlaufe von 25 einander folgenden Versuchen (nach J. Becker)

Die Gesamtleistung je 60-Minuten-Versuch

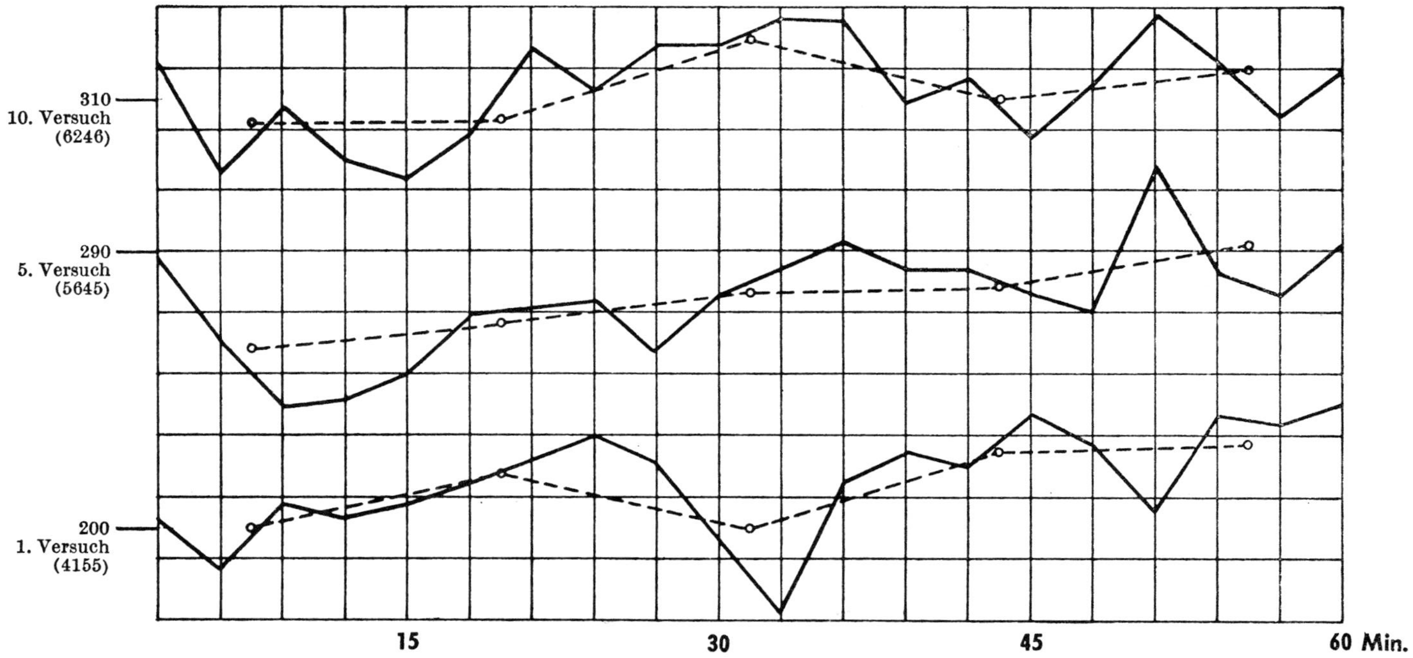

Abb. 13. Wiederholungskurven (Vp: E. D.)

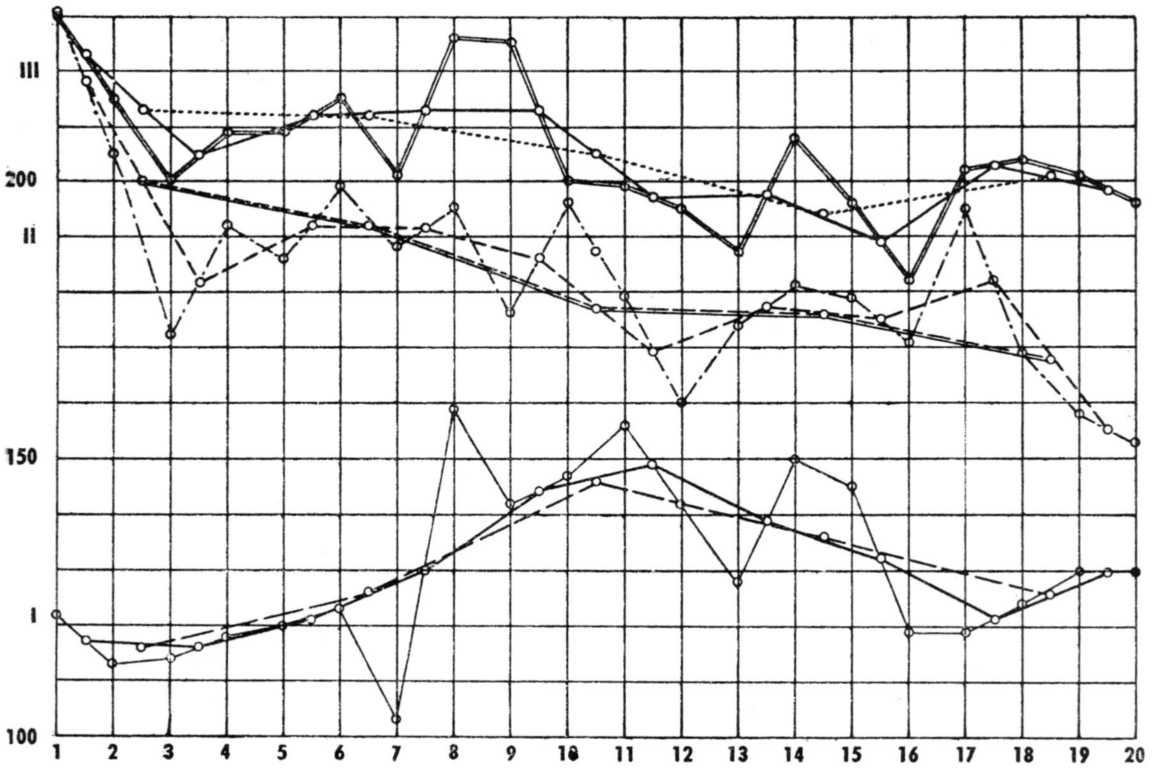

Abb. 14. Vp. X. Y. beim 1. (= I), 5. (= II) und 10. (= III) Wiederholungsversuch

Beachte beim 1. Versuch die Vorverlagerung des Gipfelpunktes und die Permanenz des Abfalles, ein Symptom, das in der 5. und 10. Wiederholung sich auffällig wiederholt und in den doppelt ausgeglichenen Kurven sichtbar wird (Vp ist in zwei Staatsexamina durchgefallen!).

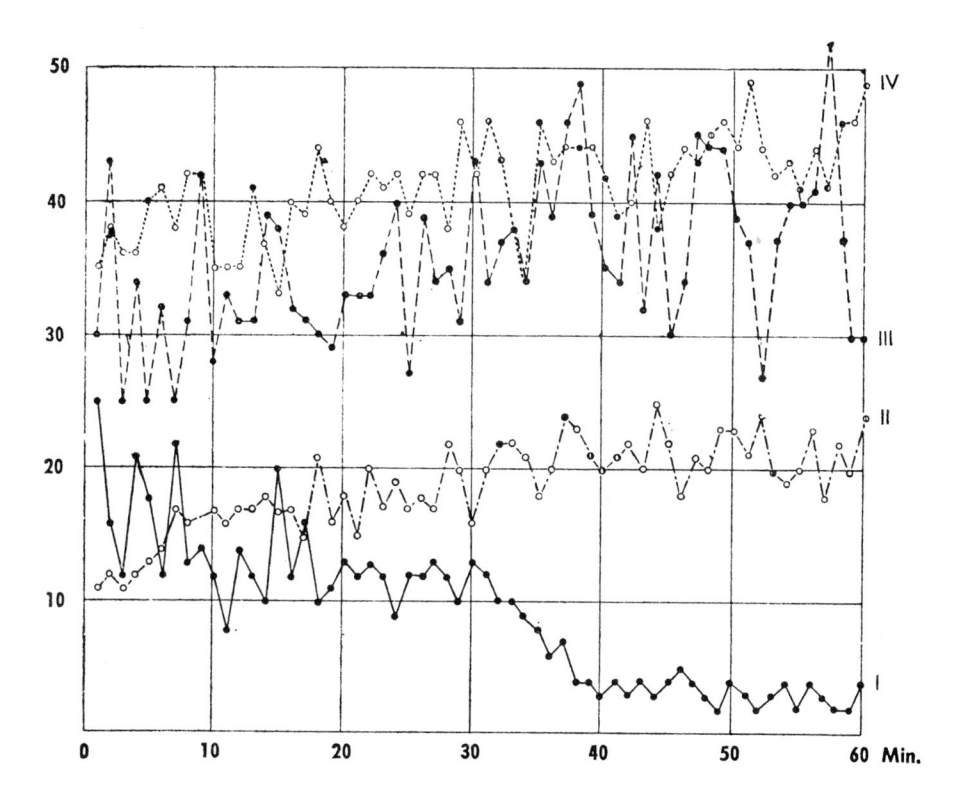

Abb. 15. Typische Leistungskurven (nach Zolliker)

a) Organische Psychosen (I): Herabgesetzte Gesamtleistung, Leistungssteigerung qualitativ und quantitativ vermindert, vermehrte Fehler und mehrheitlich subnormale Kurvenlänge.
Gesamtleistung 547, Kurvenlänge 149.

b) Oligophrenien (II): Nur herabgesetzte Gesamtleistung mit vermehrter Fehlerzahl und mehrheitlich subnormaler Kurvenlänge.
Gesamtleistung 1127; Kurvenlänge 134.

c) Konstitutionelle Psychopathien (III): normaler Befund außer meist stärker erhöhter Kurvenlänge.
Gesamtleistung 2147; Kurvenlänge 360.

d) Neurotische Reaktionen: In leichten Fällen fast normaler Befund, häufig aber die Abweichung wie bei a) oder c).

e) Endogene Psychosen (IV): normaler Befund, in der Hälfte der Fälle erhöhte Kurvenlänge.
Gesamtleistung 2475; Kurvenlänge 178.

Summe	Fehler	Verbessert	Schwankung	Steighöhe	Gipfellage
488	8 = 0,75%	10 = 2,5%	± 1,8 = ± 8,4%	—5	19
428			8,3		

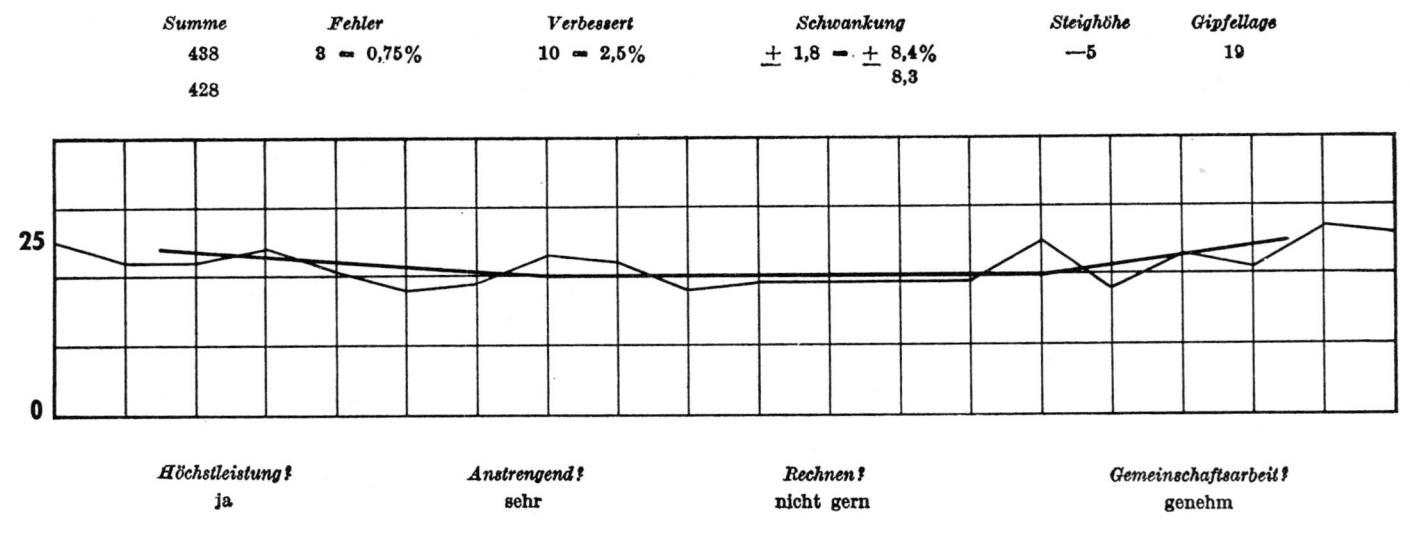

Höchstleistung?	Anstrengend?	Rechnen?	Gemeinschaftsarbeit?
ja	sehr	nicht gern	genehm

Abb. 16. Arbeitskurve eines Hirnverletzten (linksfrontaler Impressionsschuß)

(Aus dem Nachlaß von R. Pauli)

Der Hirnverletzte hatte 7 Monate zuvor einen linksfrontalen Impressionsschuß mit gleichseitigem Stecksplitter erlitten. Pb. zeigt eine außerordentlich geringe Leistungsfähigkeit. Die Qualität der Arbeit ist gut. Die hohe Zahl der Verbesserungen zeigt, daß Pb. um Richtigkeit bemüht ist, und daß das Rechnen und das sich scharf Konzentrieren erhebliche Schwierigkeiten bereiten. Der Verlauf der Arbeitskurve zeigt keinen Übungsanstieg, vielmehr sogar ein Zurückgehen der Leistung bis zur 15. Teilzeit. Der Schlußanstieg zeigt, daß Pb. sich ausreichend bemüht und die Aufmerksamkeitsschwankungen und die Ermüdung zu beherrschen sucht. Es fehlt ihm aber an jedem etwas stärkeren Antriebsimpuls und einem kraftvollen Sichzusammenraffen, um mehr zu leisten. Trotz guten Willens besitzt er nicht den Schwung und die Energie, Langsamkeit, Schwäche und Unsicherheit zu überwinden. Er kann zur Zeit nichts Besseres leisten.

Summe	Fehler	Verbessert	Schwankung	Steighöhe	Gipfellage
1729	2 = 0,5%	3 = 0,75%	± 6,7 = ± 7,8%	59	13
40	0,1	0,2	7,7		

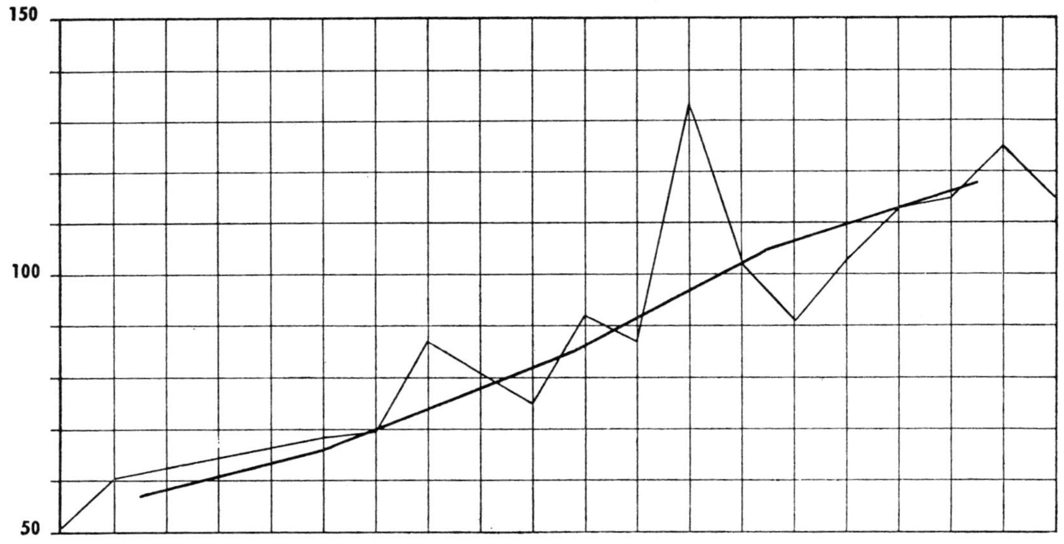

Höchstleistung: ja;   *Anstrengend:* kaum;   *Rechnen:* gern;   *Gemeinschaftsarbeit:* genehm.

Abb. 17. Arbeitskurve eines Hirnverletzten (biparietaler Impressionsschuß)
(Aus dem Nachlaß von R. Pauli)

Die Abb. 17 stellt die Arbeitskurve eines Hirnverletzten dar, der ein Vierteljahr vorher einen biparietalen Impressionsschuß mit Stecksplittern erlitten hat. Mengenmäßig ist es eine jugendliche Leistung. Die Qualität ist normal. Ungewöhnlich ist die große Steighöhe. Der willentliche Einsatz und der Übungserfolg sind ausgesprochen gut. Gewisse Eingewöhnungsschwierigkeiten treten verspätet auf. Die Antriebsimpulse sind kräftig und setzen immer wieder an, wenn die Kraft zum Durchhalten nicht ausreicht. Pb. ist zäh und ausdauernd und behält sein Ziel fest im Auge. Seine Leistung als solche ist noch recht unausgeglichen, die Schwankungen sind erheblich. — Für einen Arbeitseinsatz ist der Verlauf der Arbeitskurve recht günstig zu bewerten, da die charakterlichen Voraussetzungen für eine Überwindung einer noch bestehenden geringen Leistungsfähigkeit gegeben sind.

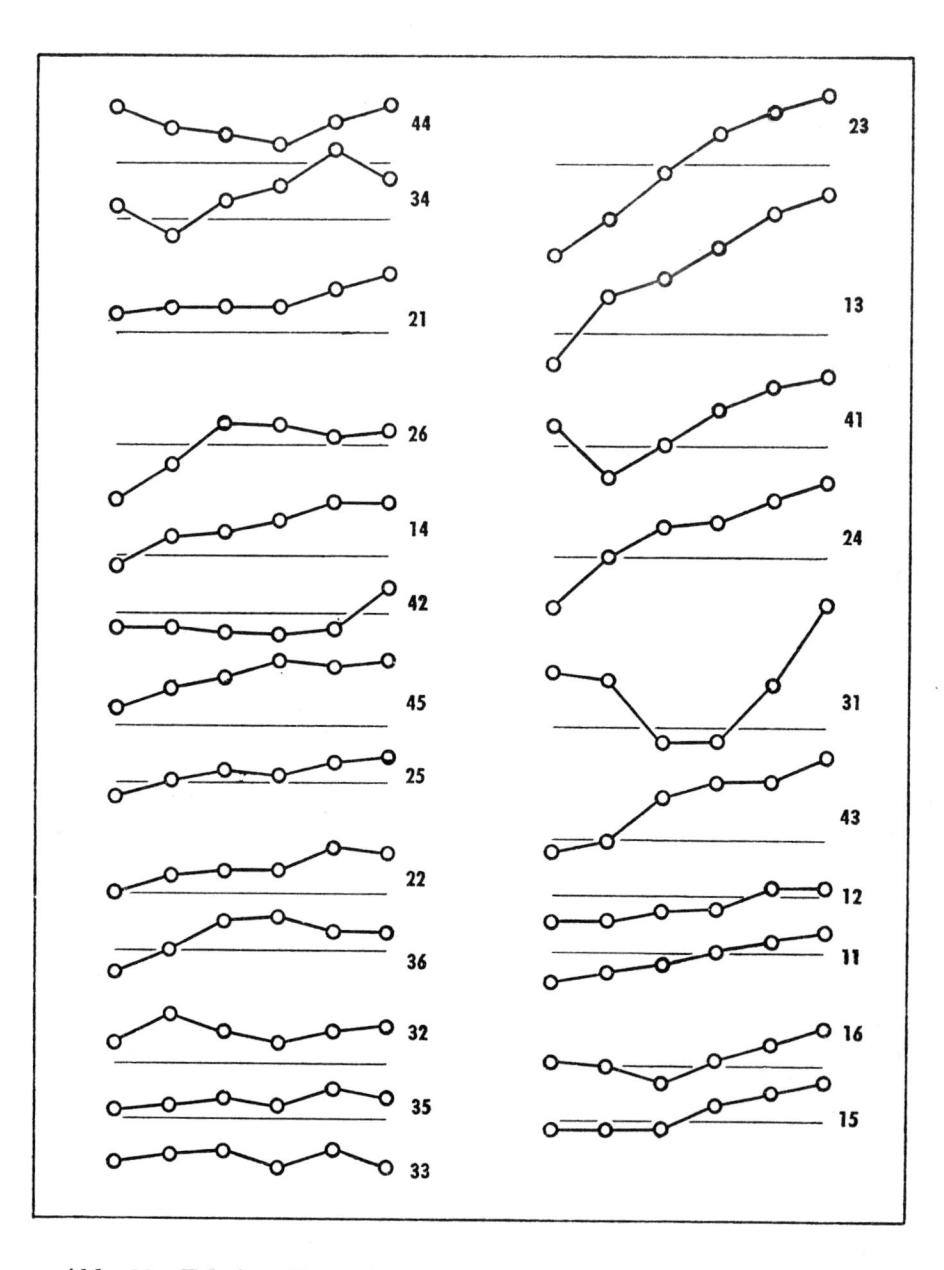

Abb. 18. Erhöhtes Potentialgefälle steigert Leistung (nach Kritzinger)

Überzufälliger Einfluß auf Pauli-Test

I. Hauptversuch:
·········· = Kontrollgruppe
——— = Versuchsgruppe
(n = 32)

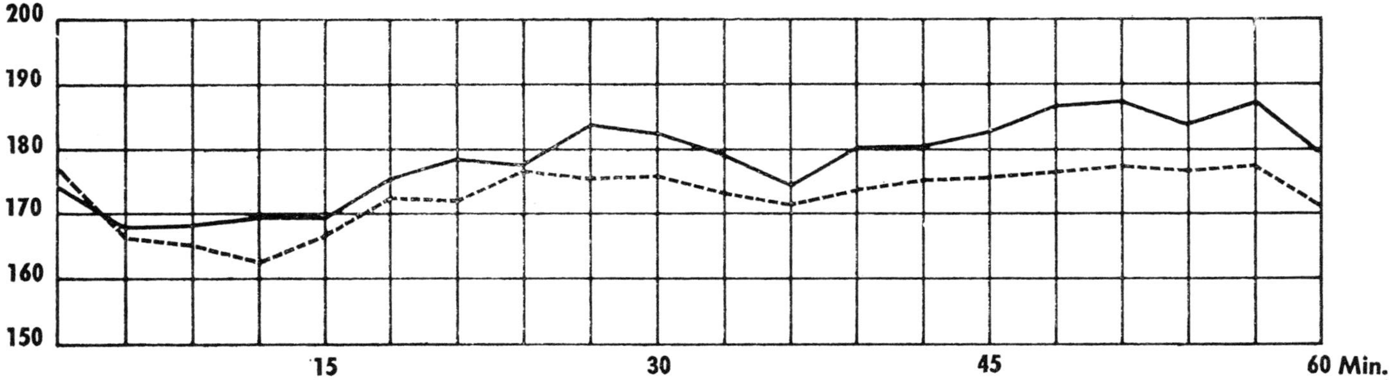

	177,0	166,4	165,3	163,8	166,4	172,5	172,1	176,8	175,4	175,9	173,3	171,2	173,9	175,4	175,5	176,6	177,3	176,7	177,3	171,4
	174,1	168,0	168,3	169,8	169,4	175,4	178,2	177,4	183,6	182,3	179,1	174,3	181,4	181,1	182,9	186,8	187,4	184,0	187,3	179,6

Abb. 19. Nachweis der Wirkung des Caflons beim PT

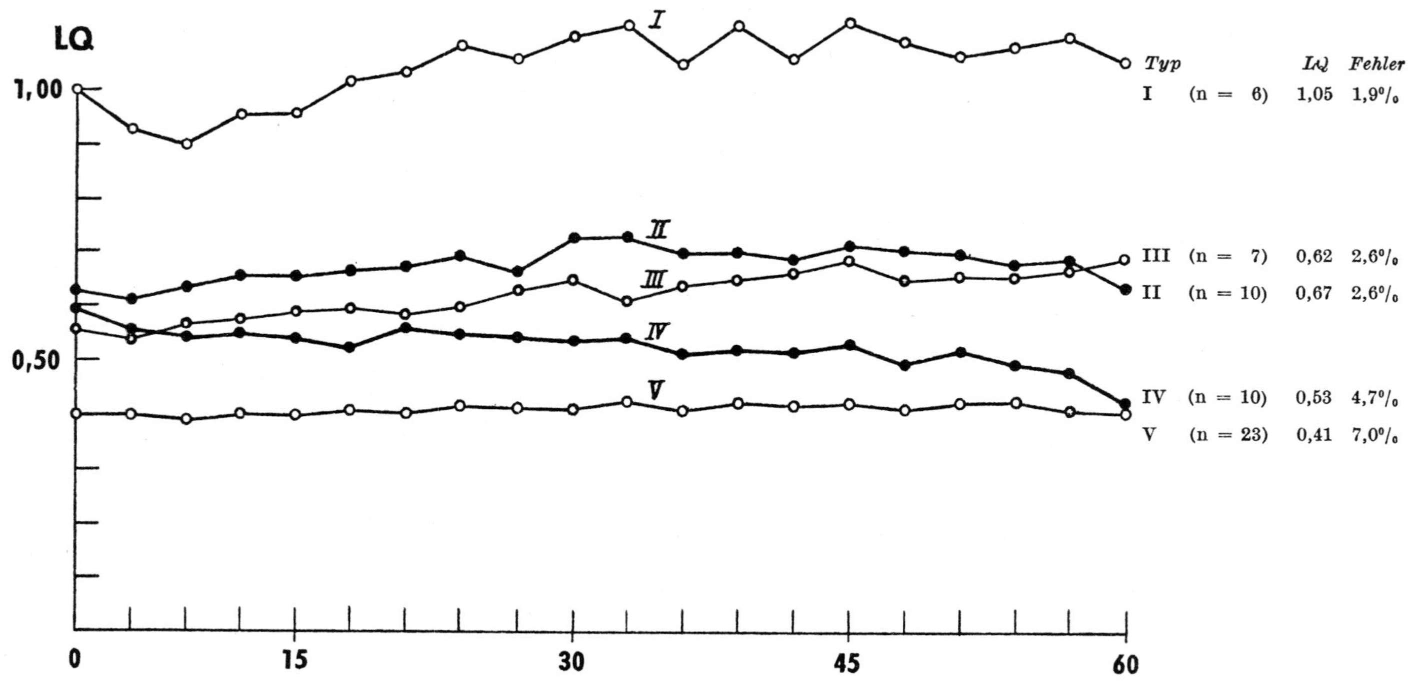

Abb. 20. Die fünf Haupttypen der Schwererziebaren, quantitativ und qualitativ gekennzeichnet Leistungshöhe, ausgedrückt durch den Leistungsquotienten. Leistungsgüte, bestimmt durch die Fehlerzahl. (LQ = Leistungsquotient)

Landesblindenanstalt   Tag: 26. 1.—14. 3. 50   Stunde: 8,30   Vorher: gearbeitet: 5%   Befinden: normal 95%
                                                              nicht gearbeitet: 95%   beeintr. 5%

n = 20   Summe: Fehler: Verbessert: Schwankung: Steighöhe: Gipfellage:

Übernormal   2760   1,3   0,2   2,6   9   13
STM   2151   2,2   0,4   3,5   21   16
Unternormal   1910   3,4   0,6   4,2   31   19
AM   2260   2,6   0,3   3,4   21   16

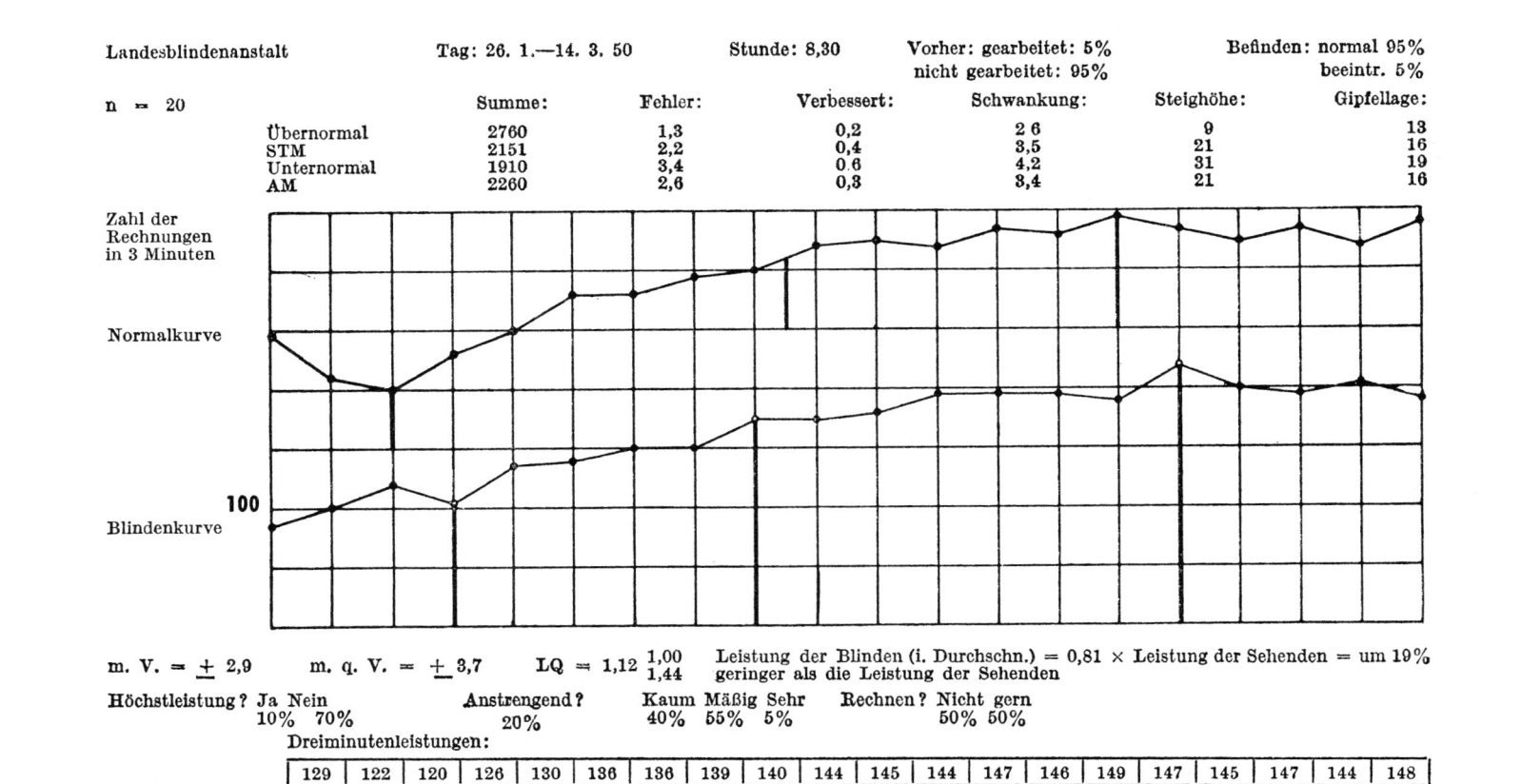

Zahl der
Rechnungen
in 3 Minuten

Normalkurve

100

Blindenkurve

m. V. = ± 2,9   m. q. V. = ± 3,7   LQ = 1,12 1,00   Leistung der Blinden (i. Durchschn.) = 0,81 × Leistung der Sehenden
                                              1,44   geringer als die Leistung der Sehenden = um 19%
Höchstleistung? Ja Nein   Anstrengend?   Kaum Mäßig Sehr   Rechnen? Nicht gern
                 10% 70%   20%   40% 55%   5%   50%   50%
Dreiminutenleistungen:

129	122	126	130	136	138	139	140	144	145	144	147	146	149	147	145	147	144	148
97	100	104	107	108	110	110	115	116	119	119	119	110	118	124	119	119	121	118

Abb. 21. Mittelwertskurve und Normwerte für Blinde im Vergleich zu der Kurve der Sehenden

Name: X X geb. am: 12. 2. 22 Platz Nr.: 18
U.-Ort: Hannover U.-Verfahren: Datum: 20. 9. 50
1. Höchstleistung: ja — nein; 2. Anstrengung: keine — mäßig (in der Hand) — sehr anstrengend;
3. Rechnen: angenehm — unangenehm — keines von beiden; 4. Gemeinschaft: hemmend — fördernd — ohne Einfluß;

	Summe	Fehler		Verbessert		Schwankung		Steighöhe	Gipfellage
Übernormal		=	%	=	%	=	%		
Normal	3099	6 =	1,5%	3 =	0,75%	=	3,24%	46	10—15—20
Unternormal		=	%	=	%	=	%		

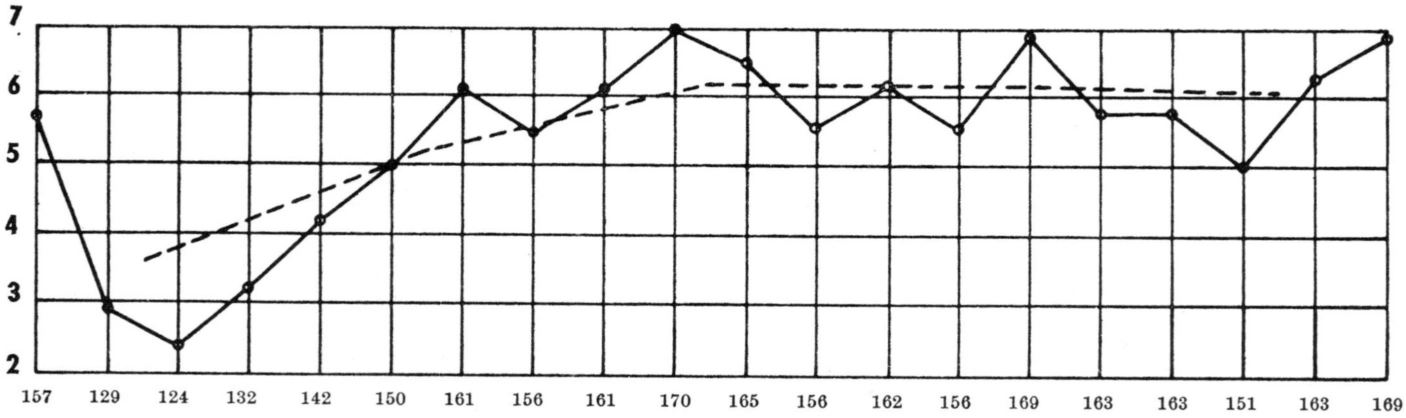

Abb. 22. Arbeitskurve eines Marathonläufers (nach Henckel)

Name: XY Alter: 80 Jahre bei Versuch 1; 82 Zahre bei Versuch 2

	Summe	Fehler	Verbessert	Schwankung	Steighöhe	Gipfellage
Versuch 1: (30 Minuten)	752	(2) = 0,5%	(6) = 1,5%	± 3,6 = ± 4,8%	+ 48 (+ 22)	10 = Ende
Versuch 2: (60 Minuten)	870	0 = 0%	4 = 1,0%	± 4,5 = ± 10,25%	− 33 (− 17)	1 (18)

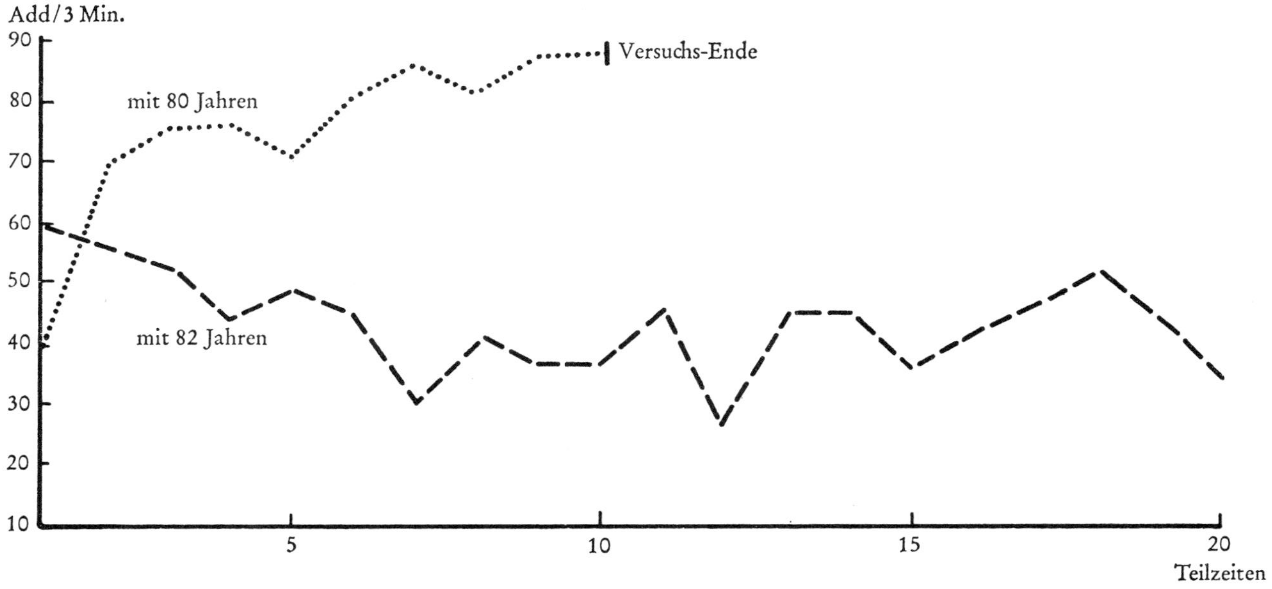

Abb. 23. Seniler Leistungsabbau

	Name	Alter	Tag	Stunde	Vorbildung	Befinden
Vp. 1:	S. G.	15	18.12.63	11.00	8 Kl. Volksschule	Kopfweh
Vp. 2:	S. F.	18	18.12.63	11.00	6 Kl. Oberrealschule (mittl. Reife)	normal

	Summe	Fehler	Verbessert	Schwankung	Steighöhe	Gipfellage
Vp. 1:	3175	2 = 0,5%	4 = 1%	± 3,55 = ± 2,23%	+ 89 (+ 70)	18
Vp. 2:	2415	0 = 0%	7 = 1,75%	± 5,9 = ± 4,88%	− 93 (− 60)	1

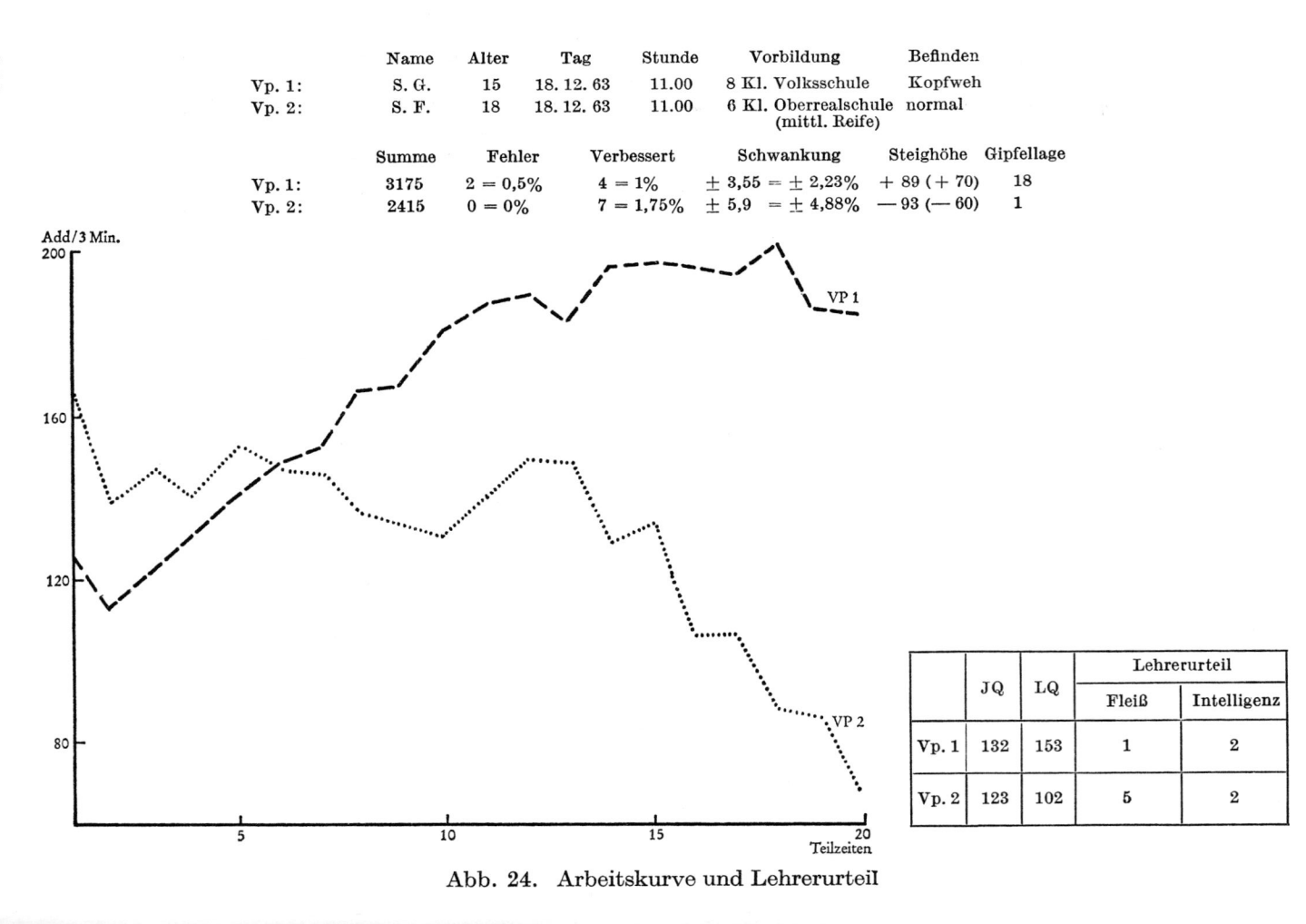

	JQ	LQ	Lehrerurteil	
			Fleiß	Intelligenz
Vp. 1	132	153	1	2
Vp. 2	123	102	5	2

Abb. 24. Arbeitskurve und Lehrerurteil

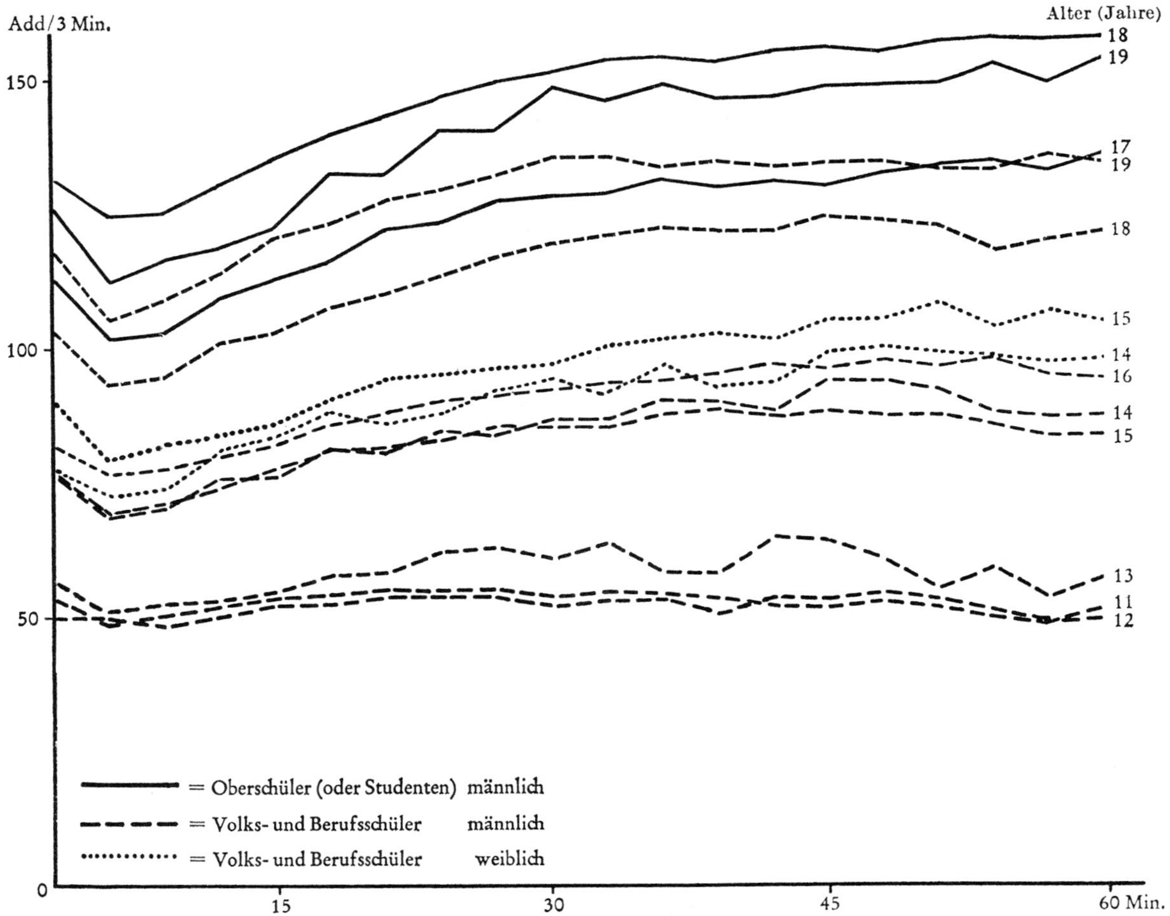

Abb. 25. Übersicht über die Kurvenverläufe (Mediane) verschiedener Alters- und Bildungsstufen

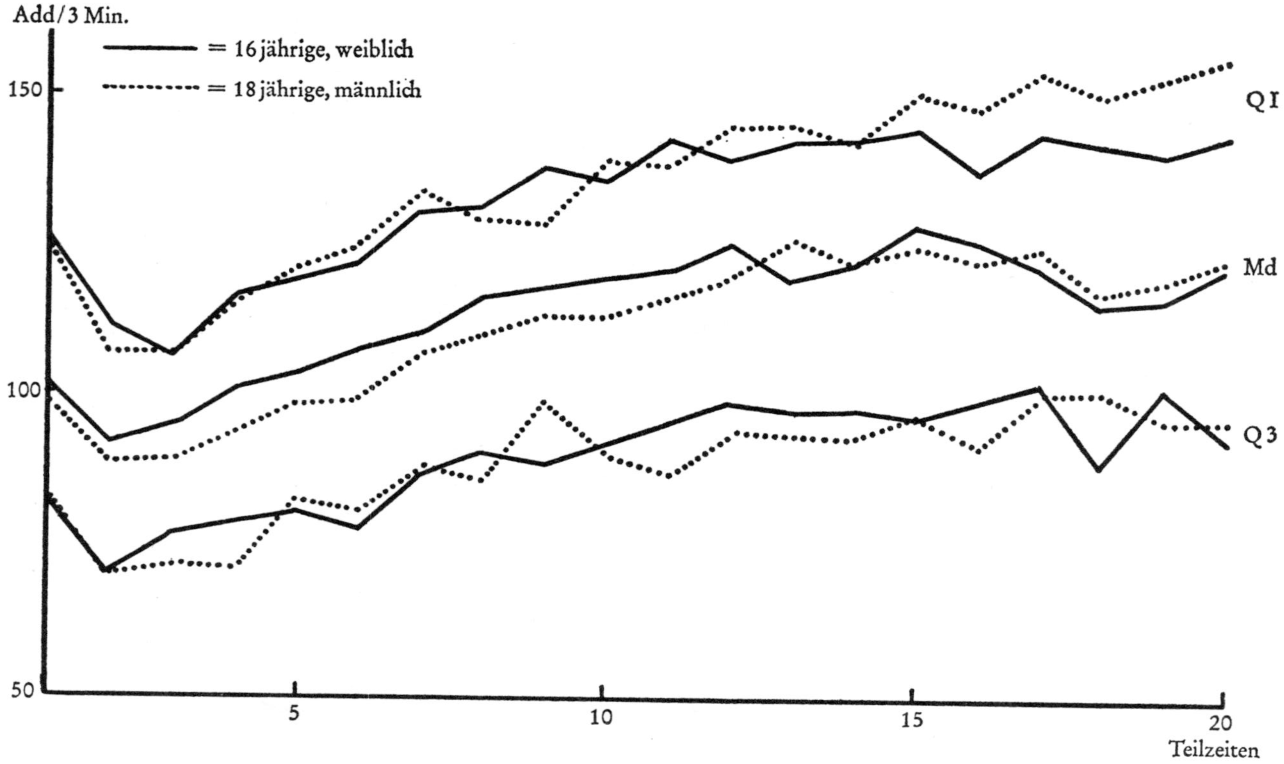

Abb. 26. Entwicklungsvorsprung der 16jährigen Berufsschülerinnen vor den 18jährigen Berufsschülern. (Angegeben sind Q_1, Md und Q_3)

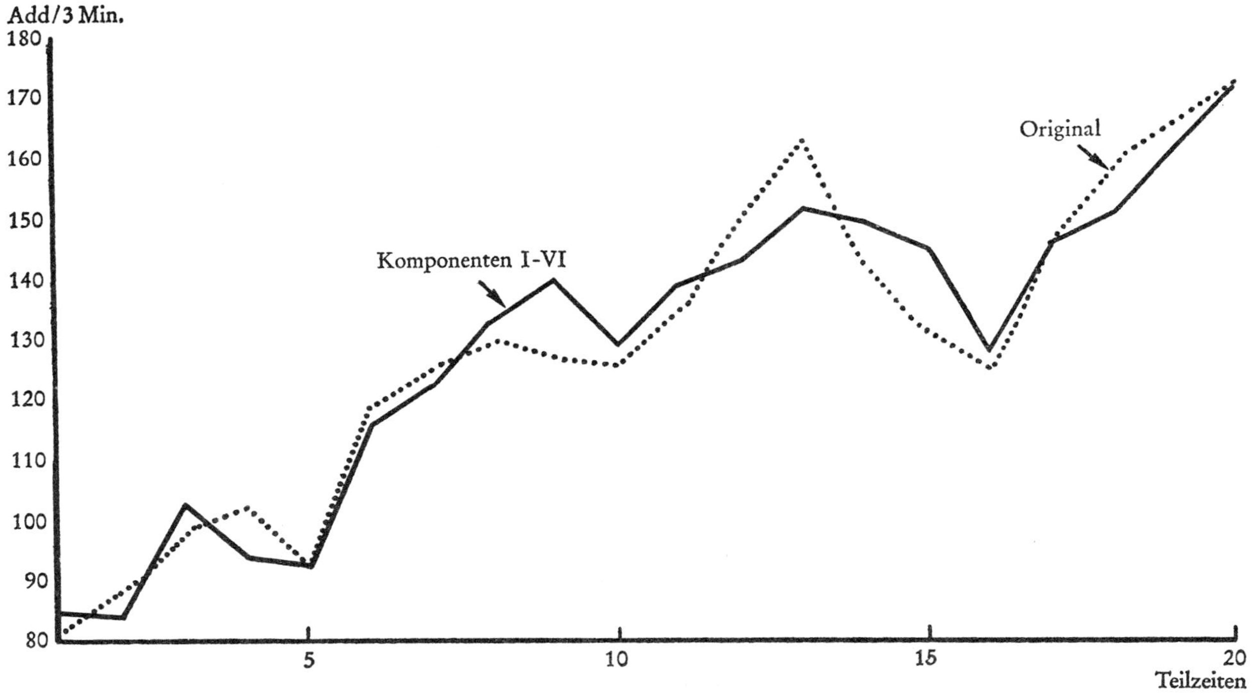

Abb. 27. Kurve, zusammengesetzt aus den Komponenten I–VI und Originalkurve

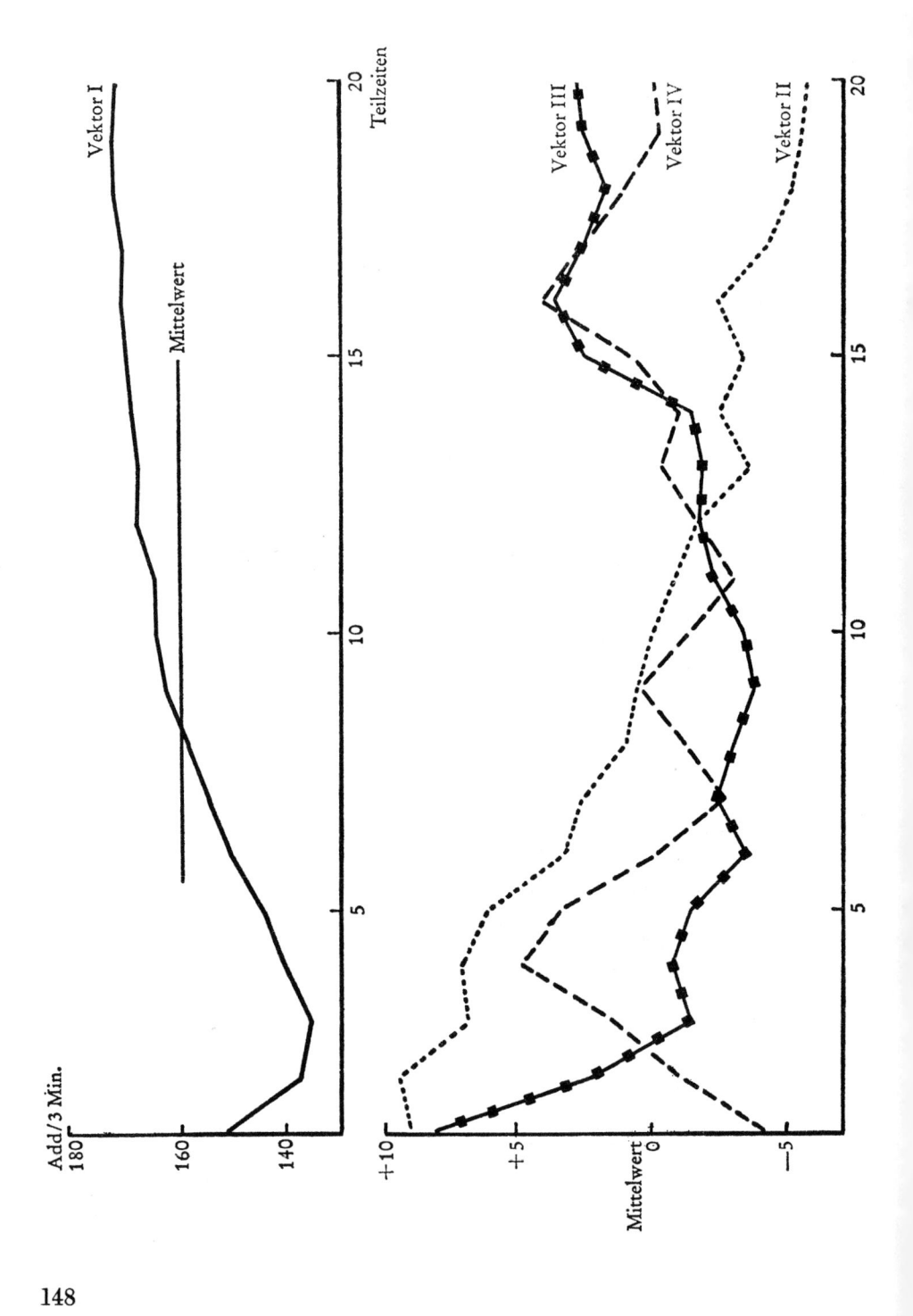

Add/3 Min.
180

160 — Mittelwert

140

Vektor I

Teilzeiten
5   10   15   20

+10

+5

Mittelwert 0

−5

Vektor III
Vektor IV
Vektor II

5   10   15   20

148

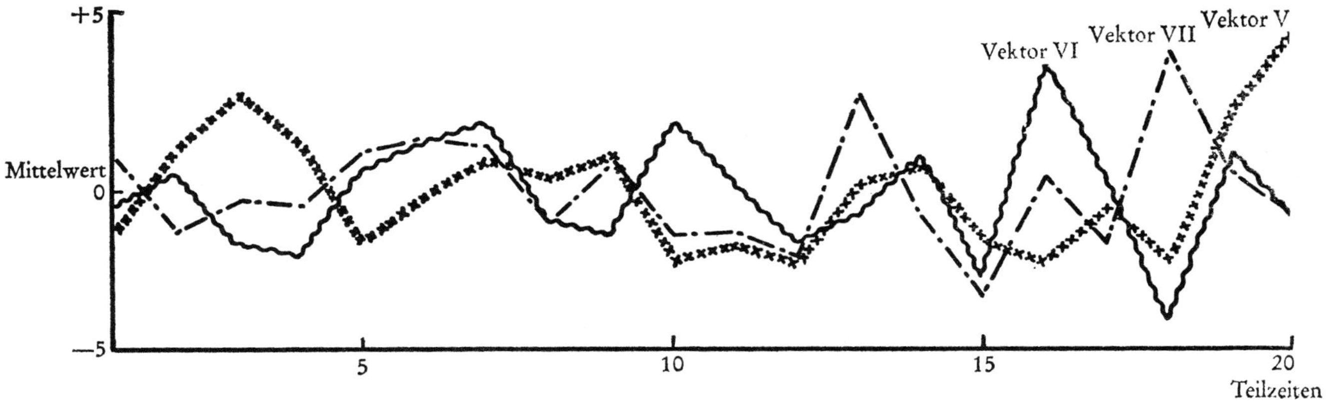

Abb. 28. Prinzipalkomponenten

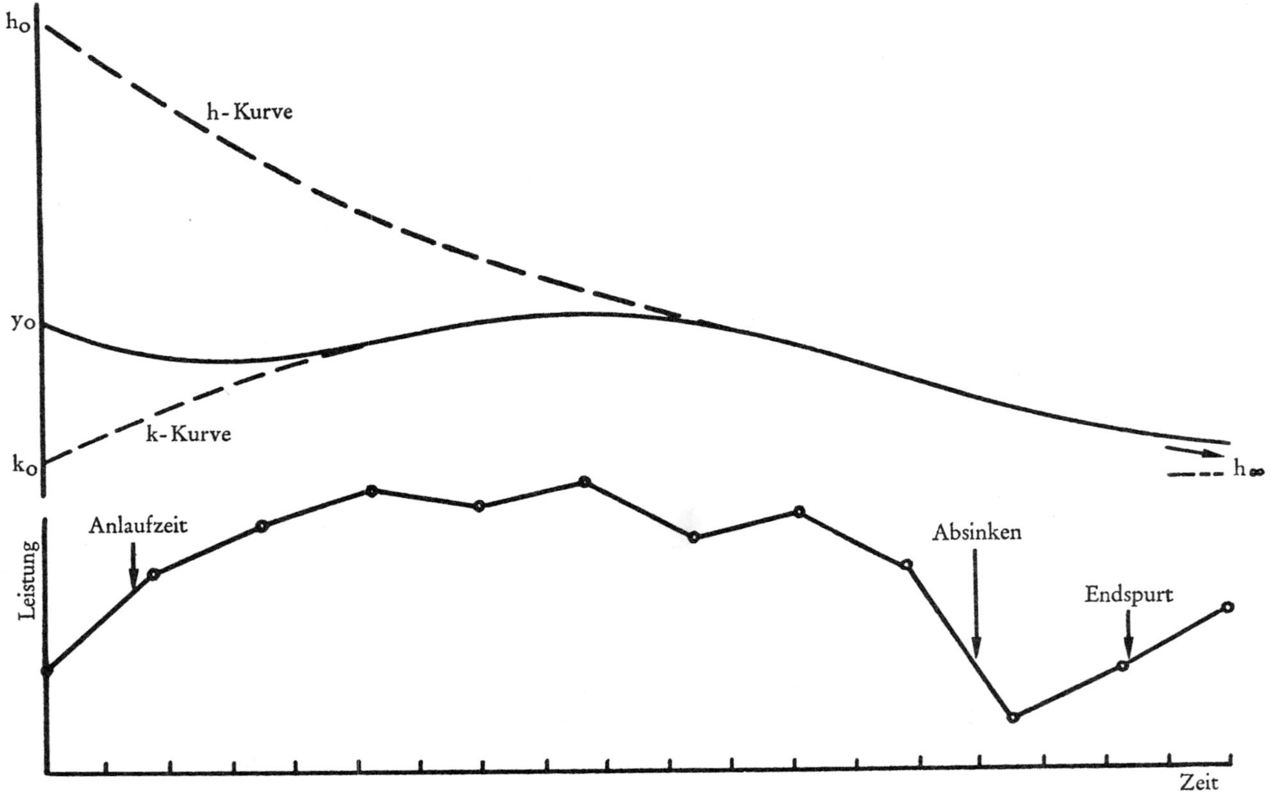

Abb. 29. Theoretische Arbeitskurve (J. P. van de Geer) und hypothetische Arbeitskurve (H. W. Karn). (Vgl. hierzu Abb. 4)

Tabellen

Tabelle 1 Additionsmengenvergleich

Alter	1925–1949 (nach Zorell, Fauth, Leiner) VS m.	VS w.	HS m.	HS w.	1939 Pauli und Pohl HS w.	1937/8 (nach Moor und Zeltner) VS m.	VS w.	HS m.	HS w.	1957/8 Volksschul-Oberklässler und -Entlassene m.	w.	1968[1] Volks- u. Berufsschüler m.	w.	Höhere Schüler, Studenten m.	w.	1961–63 (nach Rüdiger) m. 1961	m. 1963
10	900	790		900		933	813					914	952	1069	1365	1050	1079
11	1120	1010	1220	1100	1100	1153	1047	1187				1009	1014	1396	1341	1318[2]	
12	1470	1290	1470	1600		1507	1333	1433				1000	1250	1825	1580	1110[3]	
13	1420	1510	1650	1650	1600	1460	1567	1600		1584	1640	1133	1286	1938	1963		
14	1580	1520	1610	1900		1620	1567	1567		1682	1732	1651	1683	2036	1960		
15			1990	2000	1650			1930		1952	1760	1638	1961	2155	1986		
16			2010	2100				1950		2340		1784	2229	2303	1986		
17			2330	2300	1900			2270		2588	1987	1934		2541	2491		
18			2360	2350	2000			2300				2279	2162	2924	2217		
19					2100					2522		2569		2920			
20			3010	2790	2300								2944	2508			
21					2350						2250						
					2430												
bis 25						2000		3000		2328				2676	2760		
25–30														2690			
19–30															2666		
31–35										2094							

[1] hier: Medianwerte: Auswertung auf der Basis des arithm. Mittels siehe Tab. 2.
[2] später erfolgreiche Oberschüler
[3] spätere Oberschulversager

Abkürzungen:
VS = Volksschüler
BS = Berufsschüler
HS = höhere Schüler (bzw. OS = Oberschüler)
St = Studenten
m. = männlich
w. = weiblich

151

Tabelle 2 Arithmetische Mittel für Kenngrößen des Pauli-Tests

Alter (1)	Gr. (2)	Geschl. (3)	N (4)	Su (5)	Sigma (6)	V (7)	F% (8)	V% (9)	S (10)	S% (11)	Steigh. (12)	Ag. Sh. (13)	Gl (14)
10	VS	M	237	918	329	.358	1.26	.85	5.74	13.74	-9.17	-5.46	10.2
10	OS	M	17	1086	185	.170	.78	1.57	4.08	7.68	-3.35	-.17	12.5
11	VS	M	308	1030	355	.344	1.28	1.22	5.89	12.50	-3.34	-.86	9.9
11	OS	M	26	1531	381	.249	.43	1.03	5.68	8.14	24.92	22.60	14.2
12	VS	M	113	1023	314	.307	1.19	1.00	5.81	12.80	-3.95	-.46	11.1
12	OS	M	24	1839	419	.228	.48	.66	4.72	5.45	32.67	25.68	14.2
13	VS	M	31	1138	477	.419	1.92	2.16	5.76	10.99	4.84	3.62	11.9
13	OS	M	24	1872	518	.277	.35	.77	5.34	6.33	35.92	23.74	14.3
14	VS	M	142	1614	462	.286	3.46	1.93	6.39	8.98	18.89	13.66	13.9
14	OS	M	21	2037	295	.145	.80	1.19	6.74	6.95	27.38	33.43	14.2
15	BS	M	300	1637	462	.282	2.04	1.89	6.32	8.44	14.97	12.69	14.1
15	OS	M	25	2094	403	.192	.41	1.01	5.53	5.48	60.72	40.25	15.7
16	BS	M	296	1784	547	.313	2.99	1.89	6.06	7.61	27.05	17.66	14.8
16	OS	M	24	2199	479	.218	.48	1.16	7.38	7.12	47.42	33.74	15.6
17	BS	M	138	1948	610	.313	.78	1.56	5.98	6.96	29.94	18.79	15.2
17	OS	M	24	2449	476	.194	1.16	2.45	4.43	3.88	36.67	27.60	14.6
18	BS	M	50	2254	685	.277	.70	1.08	5.74	5.47	33.96	23.57	15.3
18	OS	M	75	2909	581	.200	.86	1.75	5.25	3.78	42.29	31.28	16.0
19	BS	M	35	2533	662	.261	.54	1.41	5.42	4.94	33.20	23.74	13.8
19-20	OS	M	68	2939	534	.181	.91	1.29	4.81	3.38	47.00	32.16	15.4
19-21	ST	M	70	2877	504	.175	.66	1.28	5.27	3.73	50.34	33.46	16.2
22-24	ST	M	102	2691	497	.185	.78	1.22	5.44	4.11	49.12	28.99	15.3
25-30	ST	M	39	2712	507	.187	.80	1.11	5.09	3.86	36.18	25.28	13.7
10	OS	W	25	1342	310	.231	.47	1.40	4.89	7.86	20.88	12.32	13.5
10	VS	W	35	915	236	.258	.79	1.35	5.14	11.71	.77	2.01	12.0
11	OS	W	53	1325	391	.295	.42	1.48	4.44	7.30	10.13	10.57	13.2
11	VS	W	37	1082	407	.376	.93	1.22	6.06	12.55	7.19	6.88	12.6
12	OS	W	34	1643	387	.235	.87	1.46	4.65	6.16	24.65	19.60	14.4
12	VS	W	22	1302	520	.399	.79	1.12	5.42	10.26	21.41	16.25	12.9
13	OS	W	33	1931	428	.222	.74	1.28	4.73	5.15	39.03	27.69	15.8
13	VS	W	32	1373	448	.326	1.24	1.39	5.74	9.28	17.31	13.16	13.9
14	VS	W	26	1748	472	.270	1.40	1.19	5.63	6.91	38.56	22.75	14.7
14	OS	W	34	1987	480	.242	.54	1.27	4.62	4.93	46.77	31.07	16.7
15	BS	W	54	1923	453	.235	.86	1.60	5.54	6.20	32.90	25.57	15.8
15	OS	W	42	2086	474	.227	.54	1.27	4.87	4.87	46.38	31.19	15.8
16	BS	W	49	2287	597	.261	.66	1.15	4.67	4.38	45.43	32.65	16.4
16	OS	W	34	2090	415	.199	.68	1.58	4.93	4.82	39.82	31.67	16.4
17-19	BS	W	27	2152	401	.186	.98	1.00	4.59	4.51	40.78	30.39	15.0
17	OS	W	24	2443	380	.155	.92	1.38	5.41	4.57	57.25	38.64	17.0
18	OS	W	14	2594	489	.188	.98	1.88	5.02	3.99	65.21	41.73	15.8
19-21	ST	W	110	2545	476	.187	.76	1.45	4.92	3.98	48.15	32.41	16.4
22-29	ST	W	36	2761	498	.180	.80	1.23	4.78	3.55	42.42	30.53	15.4
19-30	ST	M+W	434	2680	507	.189	.71	1.30	5.06	3.87	46.54	30.70	15.6

Die dazugehörigen Medianwerte bringt Tab. 2a, S. 176.

Tabelle 3 Normwerte für weibliche Personen

Normbereich rechts daneben (nach Pauli und Pohl 1939)

Alter	I. Größe (Menge) der Leistung		II. Güte der Leistung		III. Verlauf der Leistung			
	Menge der Additionen		Fehler	Verbesserungen	Steighöhe		Gipfellage	Schwankung
11—12	1100	1350 (1,22) 850 (0,77)	1,1%	0,6 1,9	1,5%	1,0 2,6	13	17 9	13	17 6	± 6,0%	4,5 7,2
12—14	1600	1850 (1,16) 1400 (0,88)	1,2%	0,5 2,0	2,2%	1,3 3,5	24	31 19	13	16 10	± 5,5%	4,2 7,2
15—17	1650	2050 (1,13) 1400 (0,85)	0,8%	0,5 1,5	2,5%	1,8 3,4	22	29 16	14	18 13	± 4,6%	3,8 5,7
17—18	1900	2250 (1,18) 1450 (0,76)	1,3%	0,8 2,2	2,2%	1,5 3,5	23	31 15	16	18 13	± 3,9%	3,3 5,2
18 u. ff.	2000	2150 (1,10) 1600 (0,78)	1,1%	0,6 1,9	2,3%	1,3 3,7	23	29 16	14	17 11	± 4,1%	3,3 4,8
,,	2100	2500 (1,19) 1850 (0,88)	1,0%	0,4 1,7	1,7%	1,1 2,4	26	32 22	15	18 12	± 4,0%	2,9 5,1
,,	2300	2400 (1,04) 1800 (0,78)	1,1%	0,6 1,5	1,5%	1,1 2,5	23	29 17	17	19 15	± 4,1%	3,1 5,0
,,	2350	2600 (1,10) 1950 (0,83)	1,0%	0,7 1,7	1,5%	1,0 1,9	28	38 20	18	20 15	± 4,2%	3,0 5,0
21 Erw.	2430	2750 (1,13) 1860 (0,77)	0,8%	0,4 1,3	0,8%	0,4 1,5	24	33 20	15	18 14	± 3,5%	2,8 4,8

Tabelle 4 Zusammenstellung der Leistungsnormen für Altersstufen und Schulgattungen[1]

Menge (in Additionen) und Güte (ausgedrückt durch Fehlerzahl in %)

Alter	Volksschule		Höhere und Hochschulen	
	männlich	weiblich	männlich	weiblich
7	190 170—230 13%	160 140—190 19%		
8	360 320—430 4,5%	320 290—380 6%		
9	720 650—860 1,5%	560 500—670 2,5%		
10	900 820—1070 1,5%	790 720—940 2,5%		900 820—1070 1,1%
11	1120 860—1380 1,5%	1010 780—1240 2,5%	1220 940—1500 1,2%	1100 850—1350 1,1%
12	1470 1280—1700 1,5%	1290 1120—1500 2,5%	1470 1290—1700 1,2%	1600 1400—1850 1,2%
13	1420 1240—1780 1,5%	1510 1300—1720 2,5%	1650 1400—2040 1,2%	1650 1400—2050 1,0%
14	1580 1200—1880 1,5%	1520 1160—1800 2,5%	1610 1230—1900 1,2%	1900 1450—2250 1,2%
15			1990 1590—2140 1,2%	2000 1600—2150 1,1%
16			2010 1760—2390 1,2%	2100 1850—2500 1,0%
17			2330 1820—2420 1,2%	2300 1800—2400 1,1%
18			2360 1960—2620 1,2%	2350 1950—2600 1,0%
Erwachsene			3010[2] 1,2%	2790[2] 0,9%

[1] Nach Zorell (86), Fauth (18), Leiner (37)

[2] Für die Erwachsenen ergab sich eine Streuung von ± 19 %

Tabelle 5 Korrelationen zwischen Aufmerksamkeitstests und Pauli-Test

Pauli-Test Aufmerksamkeits-Test	Su.	F%	V%	Schw%	Stgh	Gi
Bd S	0,32	0,002	0,16	−0,047	−0,10	0,037
Bd F%	−0,21	0,31	0,29	0,13	−0,045	−0,049
Li G	0,29	−0,16	−0,12	−0,23	−0,006	−0,089
Su Z	−0,28	0,37	0,25	0,32	0,18	−0,14
Rg S	0,29	−0,13	0,075	−0,25	−0,26	−0,053
Zk F	−0,11	0,11	0,075	0,033	0,14	−0,074
Zk Z	−0,22	0,11	−0,088	0,019	0,046	0,13
Wz R	0,19	−0,12	−0,043	−0,16	−0,036	0,15
Wz Z	−0,20	0,013	−0,035	0,05	−0,04	0,20

Abkürzungen

1. Bd S = Bourdon–Test: Summe
2. Bd F = Bourdon–Test: Fehlerprozent
3. Li G = Listenvergleich: Güte
4. Su Z = Suchfeld: Zeit
5. Rg S = Registriertest: Summe
6. Zk F = Zahlenkarten ordnen: Fehler
7. Zk Z = Zahlenkarten ordnen: Zeit
8. Wz R = Werkzeichnungen ordnen: Zahl der richt. Zeichen
9. Wz Z = Werkzeichnungen ordnen: Zeit

(Verfahrensbeschreibung: siehe Arnold und Huth 1968 bzw. 1960)

Tabelle 6   Interkorrelationen der Eignungstests

	Zr	Su T	A	Wb	M	CH
Zr	1					
SuT	++ +0,43	1				
A	++ +0,47	++ +0,60	1			
Wb	++ +0,32	++ +0,49	++ +0,60	1		
M	++ +0,32	++ +0,36	++ +0,31	++ +0,17	1	
CH	++ +0,55	++ +0,38	++ +0,46	+++ +0,39	+ +0,22	1

Abkürzungen:

Zr	= Zahlenreihen		M	= Meldung
SuT	= Lückentest: Speise und Trank		CH	= Charkow-Dounaiewsky
A	= Analogietest		+	= signifikant
Wb	= Wasserbehälter		++	= sehr signifikant

(Verfahrensbeschreibung siehe Arnold 1968 bzw. 1960)

Tabelle 7   Interkorrelation der Pauli-Variablen

	S	F%	V%	Schw%	Stgh+	Gi
S	1					
F%	—0,15	1				
V%	+ —0,20	+0,15	1			
Schw%	++ —0,65	+0,20	++ +0,30	1		
Stgh+	++ +0,39	+0,06	+ —0,24	+0,15	1	
Gi	+ +0,22	+0,01	—0,18	+ —0,19	+0,18	1

Tabelle 8 Korrelationen der PT-Variablen mit Eignungstests

IST \ PT	S	F%	V%	Schw%	Stgh+	Gi
Zr	++ +0,23	—0,29	—0,12	++ —0,23	+0,11	+0,08
SuT	—0,06	—0,07	—0,13	—0,13	—0,02	+0,17
A	+0,11	+ —0,19	—0,15	—0,16	+ +0,25	+0,11
Wb	+0,06	—0,06	—0,09	+0,04	+0,12	+0,04
M	+0,15	+ —0,20	—0,16	—0,18	+0,13	+0,08
CH	++ +0,26	+ —0,20	+0,02	++ —0,26	—0,08	—0,04

Tabelle 9 Korrelationen zwischen Pauli-Test und Intelligenz-Struktur-Test

IST \ PT	Su$_A$	F-%	V-%	Schw%	Stgh	Gi
SE	.08	–.11	.07	–.10	.13	.20
WA	–.01	–.08	.09	–.09	.05	.03
AN	.06	–.15	–.08	–.06	.02	.09
GE	.08	–.11	.02	–.07	.09	.01
ME	.18	.07	.20	–.10	.07	.01
RA	.25	–.16	–.04	–.30	.16	–.03
ZR	.36	–.15	.02	–.17	.19	.06
FA	.20	–.11	.01	–.07	.00	.08
WÜ	.03	.02	.07	–.02	–.01	–.17
Su$_{RW}$	.24	–.18	.00	–.18	.13	.02

Abkürzungen

1. SE = Satzergänzung 6. RA = Rechenaufgaben
2. WA = Wortauswahl 7. ZR = Zahlenreihen
3. AN = Analogien 8. FA = Figurenauswahl
4. GE = Gemeinsamkeiten 9. WÜ = Würfelaufgaben
5. ME = Merkaufgaben 10. SuRW = Summe aller Rohwerte

(Verfahrensbeschreibung siehe Arnold 1968 bzw. 1960)

Tabelle 10 Volksschulentlassene männliche Jugendliche und Erwachsene (1957/58)

Neue Norm(N)- und Mittelwerte (M) (Erhebungsgebiet: Westdeutschland)

Alter	Stich-proben-zahl (n)	M Summe (σ)	Fehler absolut	Fehler %[1]	Fehler N. Ber.	Verbesserungen absolut	Verbesserungen %[1]	Verbesserungen N. Ber.	M Schwan-kung %[2]	M Steighöhe	Gipfellage	N. Ber.
13	155	1584 (466)	2,4	0,6	96%	6,2	1,6	93%	7,24 (4,0)	40 (13)	14/15 20/10	86%
14	330	1682 (495)	1,8	0,45	91%	4,8	1,2	85%	7,27 (4,2)	42 (13)	15/16 20/6	93%
15	284	1952 (584)	0,8	0,20	92%	5,7	1,42	88%	5,21 (2,75)	46 (16)	16 20/11	94%
16	184	2340 (596)	1,2	0,30	96%	5,0	1,25	94%	4,72 (2,18)	46 (16)	16/17 20/11	93%
17+18	450	2588 (538)	1,4	0,35	93%	6,4	1,60	92%	3,86 (1,61)	47 (14)	16/17 20/10	85%
19+20	249	2522 (588)	1,5	0,38	92%	6,6	1,65	92%	3,94 (1,64)	46 (14)	17 20/11	90%
21—30	132	2328 (696)	1,3	0,33	93%	3,0	0,75	96%	4,5 (2,19)	41 (15)	17 20/11	87%
31—35	100	2094 (565)	1,4	0,35	96%	2,9	0,73	95%	4,3 (1,7)	35 (10)	17 20/11	93%

[1]) bezogen auf 400 Additionen (13.–20. Reihe).
[2]) bezogen auf mittlere Teilzeitleistung.

An Stelle des Schwankungsprozentes kann die Teilzeitleistung verwendet werden.
Norm-Bereich ohne einseitige Extremvariationen (geschlossener Normbereich in %).
Mittel nach der Gaußschen Normalverteilung.

Tabelle 11 Volksschulentlassene weibliche Jugendliche (1957/58)

Norm(N)- und Mittelwerte (M) (Erhebungsgebiet: Westdeutschland)

Alter	Stichprobenzahl (n)	M Summe (σ)	Fehler			Verbesserungen			M Schwankung %[1]	M Steighöhe	Gipfellage	N. Ber.
			absolut	%[1]	N. Ber.	absolut	%[1]	N. Ber.				
13	105	1640 (381)	3,3	0,83	95%	7,0	1,75	88%	6,6 (3,7)	46 (16)	17 20/13	89%
14	167	1732 (410)	2,9	0,7	90%	6,9	1,7	88%	6,3 (2,7)	49 (18)	16 20/11	87%
15	58	1760 (450)	2,6	0,65	80%	4,5	1,1	88%	6,6 (3,8)	46 (18)	17 20/12	85%
16–18	23	1987 (615)	1,2	0,3	87%	3,3	0,83	87%	5,8 (3,0)	40 (21)	17/18 20/14	65%
über 18	11	2250 (654)	1,4	0,4	100%	4,5	1,13	100%	4,5 (1,5)	40 (16)	17 20/11	84%

[1]) bezogen auf 400 Additionen (13.–20. Reihe)

²) bezogen auf mittlere Teilzeitleistung.

An Stelle des Schwankungsprozentes kann die Teilzeitstreuung verwendet werden.

Norm-Bereich ohne einseitige Extremvariationen (geschlossener Normbereich in %).

Mittel nach der Gaußschen Normalverteilung.

Tabelle 12 Italienische Jugendliche (1957/58)

(Schüler des Liceo Classico und des Istituto Tecnico, Latina)

Geschl.	Alter	Stich-proben-zahl (n)	M Summe σ	Fehler			Verbesserungen			M Schwan-kung %	M Steighöhe	Gipfellage	
				absolut	%	N. Ber.	absolut	%	N. Ber.			abs.	N. Ber.
♂	17/18	35	2550 (587)	1,4	0,3	96%	5,4	1,2	88%	16,5 (2,62)	118 (30)	14 20 10	86%
♂	18/19	47	2512 (403)	1,9	0,4	85%	7,8	1,6	85%	11,3 (4,15)	103 (21)	14 20 10	92%
♀	17/18	24	1867 (503)	2,0	0,5	84%	5,6	1,4	88%	16,5 (3,18)	87 (20)	15 20 10	79%
♀	18/19	18	2517 (700)	1,6	0,4	95%	7,1	1,6	90%	11,2 (4,04)	118 (29)	19 20 17	67%

Im Vergleich zu den deutschen Jugendlichen ist auffällig der größere Schwankungsbereich und die größere Steighöhe der italienischen Jugendlichen, während Additionsleistung, Fehlerzahl und Verbesserungen sich nur unwesentlich zugunsten der deutschen Jugendlichen unterscheiden.

Tabelle 13. Anlage- und Bildungsunterschiede im Arbeitsversuch

A) Altersgruppe: 20–30 Jahre; Geschlecht: männlich; Berufszweig: Textil

	n	M Summe (σ)	Fehler absolut	Fehler %	N. Ber.	Verbesserungen absolut	Verbesserungen %	N. Ber.	M Steighöhe	Gipfellage verteilt
Meister-anwärter	68	2203 (473)	1,7	0,4	95%	3,0	0,75	93%	37 (14)	19 14 10
Ingenieure	107	2800 (569)	1,4	0,85	95%	2,5	0,63	88%	44 (17)	18 14 10

B) Unterdurchschnittlich begabte Volksschulentlassene und für die Berufsberatung Fragwürdige

	n	M Summe (σ)
14jährige	34	1450 (461)
15jährige	191	1716 (526)

161

Tabelle 14 Wiederholungsversuche

Vp.	Versuch Nr.	1	2	3	4	5	6	7	8	9	10	D
H.B.	AD	3858	4495	4737	5181	5050	5760	5899	6021	6193	6350	138,75
	ÜB	100	116,5	122,5	134	131	149,5	153	156	160,5	164,5	0,575
	VB		0,25	0,25	0,25		0,625		1,25	1	0,625	16,5
	GL	18	13	16	19	12	12	20	17	18	20	2,845
	SW	3,512	2,79	2,02	3,6	4,97	1,757	2,415	2,138	2,26	2,992	0,30
	F	0		0	0,25	0	0,25	0,375	0,375	1	0,75	46,2
	ST	51	(-)34	37	48	79	32	44	33	47	57	
M.B.	AD	3491	4348	4752	5153	4904	5355	5401	5297	5285	5421	141,6
	ÜB	100	124,5	136	148	140,5	153,5	155	152	151,5	155	0,438
	VB		1	0,5	0,75		0,75	0,125	0,625	0,5	0,625	6,8
	GL	9	0,25	17	7	4	1	13	5	5	6	3,163
	SW	4,93	3,88	2,88	4,02	4,09	2,975	1,863	2,602	2,601	1,786	0,125
	F	0,5	0	0		0	0,125	0,25	0,125	0,125	0,125	46,8
	ST	(-)44	(-)48	31	(-)64	(-)69	(-)80	34	(-)37	(-)34	(-)27	
B.B.	AD	3322	3645	4070	4034	4462	4605	4228	4750	3936	5153	127,0
	ÜB	100	109,5	122,5	121,5	134,5	138,5	127	143	118,5	155	0,75
	VB	0,75	0,75	0,75	0,25	0,75	0,625	1,5	0,25	0,75	1,125	14,2
	GL	20	11	16	16	20	1	1	20	19	18	2,588
	SW	3,34	1,35	2,44	2,215	1,848	2,320	2,675	3,039	4,033	2,619	0,050
	F	0	0,25	0	0,25	0	0	0	0	0	0	34,5
	ST	59	17	32	21	28	(-)38	(-)35	44	39	32	
E.D.	AD	4155	4784	5029	5157	5645	5781	5902	6030	6208	6246	132,1
	ÜB	100	115	121	124	135,5	139	142	145	149,5	150	2,888
	VB	1	2	2,25	2	4	3,75	3,625	3,375	3,625	3,25	13,6
	GL	20	16	1	14	17	16	14	1	20	17	1,892
	SW	2,35	1,93	3,06	1,76	1,87	1,718	1,440	1,678	1,691	1,42	0,275
	F	0	0	0	0	0	0,625	0,125	0,75	0,375	0,875	35,4
	ST	34	40	(-)57	36	39	33	27	(-)31	30	27	
E.H.	AD	3645	4213	5095	5254	5578	5750	5842	5893	6062	6214	146,7
	ÜB	100	115,5	139,5	144	153	157,5	160	161,5	166	170	0,938
	VB	0,5	0,5	0,75	1,25	1	1,125	1,25	1,125	1	1	6,5
	GL	17	2	1	1	2	1	8	18	10	5	2,490
	SW	3,28	4,36	2,46	2,54	2,37	2,054	2,096	2,290	1,773	1,679	0,088
	F	0,25	0	0,25	0,25	0	0,125	0	0	0	0	45,4
	ST	62	(-)101	(-)36	(-)53	(-)51	(-)45	(-)32	(-)26	(-)22	26	
X.Y.	AD	2604	3248	3561	3621	3659	3945	3955	4327	4139	4100	142,75
	ÜB	100	125	137	139	140,5	152	152	166	158,5	157,5	1,117
	VB	1,25	0,75	2,5	1	1,5	1,	1		0,5	1	2,4
	GL	8	8	1	1	1	1	1	1	1	1	4,122
	SW	6,7	4,93	4,226	3,901	4,628	2,708	4,503	2,628	2,974	4,024	0,183
	F	0,25	0,25	0,5	0	0	0,25	0,25	0,166	0,166	0	53,3
	ST	56	30	(-)48	(-)48	(-)78	(-)39	(-)61	(-)52	(-)73	(-)48	

Tabelle 14a Wiederholungsversuche (Fortsetzung)

Vp.	Versuch Nr.	1	2	3	4	5	6	7	8	9	10	D
A.W.	AD	3121	3510	3743	3749	3650	3723	3859	4020	4016	4119	120,2
	ÜB	100	112,5	120	120	117	119,5	124	128,5	128,5	132	0,675
	VB	1	1	0,5	0,5	0,5	1,5	—	0,5	0,25	—	11,6
	GL	12	9	13	7	9	7	9	14	20	16	2,069
	SW	1,96	2,01	1,6	2,73	2,242	2,753	2,607	1,539	1,882	1,367	0,175
	F	0,25	0,5	0,25	—	—	0,75	0,25	—	0	0	24,0
	ST	38	26	(−)15	31	(−)19	(−)28	26	22	18	(−)17	
E.W.	AD	2977	3379	3856	4058	4017	4100	4213	4289	4632	4762	135,3
	ÜB	100	113,5	129,5	136,5	135	138	141,5	144	155,5	159,5	0,475
	VB	1,25	0,75	0,5	1	—	0,5	0,125	0,125	0,5	0,5	8,0
	GL	1	1	1	14	12	1	1	20	14	15	2,877
	SW	3,48	2,9	2,44	4,48	4,262	1,630	1,646	1,733	4,182	2,021	0,150
	F	0,75	0	0	0	0	0,25	0	0	0,5	0	38,4
	ST	(−)29	(−)50	(−)27	65	42	(−)32	(−)26	35	53	25	
R.F.	AD	1995	2519	3111	3437	3559	3626	3785	4051	4003	4127	171,25
	ÜB	100	126,5	156	172	178,5	182,5	189,5	203	201	203,5	1,075
	VB	1	1,25	0,25	1,5	1,25	0,5	1,75	0,5	0,75	1	7,6
	GL	14	1	1	8	8	10	9	15	1	9	2,640
	SW	5,2	3,32	2,05	2,673	2,071	2,568	1,915	2,067	1,686	2,847	0,175
	F	0,25	0,25	0,25	0	0,5	0	0,25	0	0	0,25	27,4
	ST	36	(−)31	30	(−)24	(−)25	(−)33	(−)19	22	(−)29	(−)25	
O.M.	AD	2900	3248	3565	4147	3599	4425	4456	4908	4942	5041	142,15
	ÜB	100	112	123	143	124,5	152,5	153,5	169,5	170	173,5	1,146
	VB	2	1	1	1,25	0,25	1,75	0,25	1,57	1,142	1,25	16,0
	GL	17	20	20	16	20	12	14	10	16	15	3,737
	SW	4,24	7,71	6,433	1,507	4,462	1,948	5,189	1,298	1,871	2,714	0,207
	F	0,25	0,25	—	0,25	0	0,25	0,5	0,142	0,428	0	48,9
	ST	37	72	56	(−)29	85	(−)32	70	28	44	(−)36	
A.M.	AD	—	115,4	128,45	134,80	135,90	143,30	144,45	141,25	149,90	155,60	
	ÜB	0,925	0,85	0,925	0,975	0,95	1,2125	1,087	0,999	1,014	1,1375	
	VB	13,6	8,2	8,7	10,3	10,5	6,2	9,0	12,1	12,4	12,2	
	GL	3,899	3,518	2,9609	2,9426	3,281	2,243	2,635	2,101	2,495	2,346	
	SW	0,25	0,15	0,125	0,1	0,05	0,26	0,2	0,156	0,26	0,2	
	F	44,6	44,4	36,9	41,9	51,5	39,2	37,4	33,0	38,9	32,0	

AD = Anzahl der Additionen bei den Vpn
ÜB = Übungsgewinn in %
VB = Verbesserungen in %
GL = Gipfellage
SW = Schwankung in %

F = Fehler in %
ST = Steighöhe
D = Durchschnitt
AM = Arithmetisches Mittel

Tabelle 15. PT-Symptome bei Hirnverletzten

(zusammengestellt auf Grund der Untersuchungen v. Pittrich (n = 317), Pfeifer und eigener Beobachtungen im Rahmen der Rehabilitation)

Verletzung	Mengen-leistung	Qualität	Anpassung (bes. Anfangsabfall)	Auffassendes Denken	Aufmerksamkeit (bes. in Schwankung)	Willensimpuls, Stoßkraft (bes. in Steighöhe)	Willensenergie Spannkraft (Gipfellage)
parietal	—		—		—	—	—
frontal	—	—	—		—	—	—
fronto-parietal	—	—	—		—	—	—
parieto-occipital	—		—		—	—	—
parieto-temporal	—		—	—	—	—	—
biparietal	—		—		—	±|	±|
occipital	+	(—)	—		±|	±|	—
fronto-basal	—		—		—	±|	—
temporal	—	(—)	—		—	—	±|

— = Störung
— = Störung groß
± = fast normal

Tabelle 16. Die Wirkung einer Droge
(mitgeteilt von Bäumler)

Nr.	Alter	Ge-schl.	1. Leerversuch						2. Leerversuch (resp. Placebo)						3. Drogenversuch (MF 15)					
			Summe	V%	F%	St.	Gl.	Schw%	Summe	V%	F%	St.	Gl.	Schw%	Summe	V%	F%	St.	Gl.	Schw%
1.	21	♀	2782	0,1	0,2	23	12	2,6	3101	0,1	0,2	28	13	3,2	2501	0,0	1,7	5	18	1,2
2.	30	♀	2403	0,1	0,1	18	14	7,2	2731	0,08	0,7	44	7	12,6	2715	0,1	0,9	13	17	3,2
3.	35	♀	2672	0,8	0,07	37	6	8,9	2908	0,6	0,1	39	13	2,0	3002	0,2	1,2	15	17	3,4
4.	36	♂	2109	0,2	0,4	38	11	5,1	2413	0,3	0,2	17	10	7,2	2018	0,1	0,9	14	13	4,7
5.	33	♂	3172	0,3	0,5	73	15	2,9	3381	0,3	0,7	28	18	7,3	2808	0,2	1,1	20	14	8,3
6.	38	♂	2741	0,4	0,05	52	2	5,8	3514	0,5	0,05	41	13	11,0	2841	0,1	0,8	25	13	2,7
7.	36	♂	3140	0,9	1,5	69	20	6,7	3189	0,7	1,0	52	16	5,2	2874	0,1	0,3	29	18	3,8
8.	36	♂	2337	0,8	0,07	34	17	5,3	2631	0,0	0,0	31	13	5,1	2833	0,4	0,7	18	33	5,2
9.	41	♂	2994	0,2	0,9	17	11	3,4	3401	0,7	1,0	50	9	7,8	3077	0,5	0,9	40	12	6,8
10.	34	♂	2107	0,1	0,2	41	3	2,7	2442	0,2	0,5	51	6	3,2	2402	0,2	0,7	31	11	3,1
			2754	0,27	0,57	45	9,7	4,3	3177	0,45	0,84	34	12,5	8,3	2686	0,22	0,92	24,7	13	4,4

Tabelle 17. Durchschnittliche Additionsleistung / 60 Min. (Leistungsmenge) für schwererziehbare und normale Jugendliche (n = 500) nach Moor und Zeltner (veröffentlicht 1944)

Alter	nach Plössl (veröff. 1941)		Primarschüler und Schulentlassene eines Heimes für Schwererziehbare	Sekundarschüler eines Heimes für Schwererziehbare	Sekundarschüler einer Züricher Landsekundarschule A	Sekundarschüler einer Züricher Landsekundarschule B	Sekundarschulklassen der Stadt Zürich		Resultat von 79 Erwachsenen versch. Berufe aus der Schweiz (Erwachsenenwert nach Remplein/Deutschland)
	Volksschule	Mittelschule					Knaben	Mädchen	
13	1469	1670	1125	1618	1597	1883	1808	1786	2692
14	1638	1462	1282	1767	1804	1957	1891	1793	(2790)
15		1879	1394	2150	2034	2358	1960	1948	
				Fehler*					
13	1,5	1,2	4,4	4,7	1,8	1,3	1,3	1,3	0,74
14	1,5	1,2	3,3	2,6	0,8	0,8	1,7	1,3	1,00)
15		1,2	4,6	1,8	0,8	0,5	1,2	1,3	
				Schwankung*					
13			6,7	4,5	6,8	5,2	5,2	5,1	
14			4,7	4,1	7,1	5,6	5,5	5,0	
15			5,3	3,9	6,3	4,9	5,3	5,0	
				Steighöhe*					
13			48,4	32,1	24,1	42,7	46,0	46,3	
14			27,0	26,0	56,4	54,6	47,1	44,1	
15			50,2	31,4	57,4	47,8	47,4	47,7	

* In % der mittleren Teilleistung.

Tabelle 18 Normwerte für schwererziehbare Primarschüler
und Schulentlassene
nach Moor und Zeltner; 7—19 Jahre

Alter	Leistungsmenge	Fehler*	Schwankung*	Steighöhe*
7				
8	394	15,4	16,5	65,0
9	664	3,0		36,3
10			16,6	33,3
11	948	5,4	14,5	47,8
12	1120	3,3	7,0	51,7
13	1125	4,4	6,7	48,4
14	1282	3,3	4,7	27,0
15	1394	4,6	5,3	50,0
16	1496	3,9	4,8	25,7
17	1570	2,8	4,5	30,8
18	1715	2,5	4,0	28,0
19	1626	2,5	3,2	23,5

* in % der mittleren Teilleistung.

Tabelle 19 Normwerte für taubstumme Jugendliche
nach E. Gruhnwald und E. Ulich

	10–11jährige (n = 34)	12–13jährige (n = 39)	14–15jährige (n = 38)
Additionen			
o. Z.	722	1476	1730
St. M.	586	994	1487
u. Z.	458	647	1048
Fehler in %			
o. Z.	4,7	2,8	2,0
St. M.	1,8	0,8	0,8
u. Z.	0,9	0,4	0,4
Verbesserungen in %			
o. Z.	2,3	2,2	2,4
St. M.	1,6	1,4	1,6
u. Z.	0,7	0,9	1,8

o. Z. = oberer Zentralwert   St. M. = Stellungsmittel
u. Z. = unterer Zentralwert (diese Verrechnungsweise mußte in Anbetracht des schwierig zu gewinnenden Materials gewählt werden).

Tabelle 20 Korrelation zwischen Pauli-Test und Studienerfolg (n. IST)
nach Schmidt

Variable	Einheit	$\bar{X}(S)$	σ	Korrelation	Partialkorrelation
(1) Studienerfolg	Note	2,5	0,555	$r_{12} = 0,425$	$r_{12,3} = 0,27$
(2) Intelligenz (IST)	SW	110	7,0	$r_{13} = 0,46$	$r_{13,2} = 0,328$
(3) Leistung (PT)	Add/1 Std.	2900	545	$r_{23} = 0,465$	$r_{23,1} = 0,336$

Tabelle 21 Bewährungskontrollen bei Lehrlingen (Spinn-Weberei)
Jahrgang 1958 - Erstes Lehrjahr

Vp. (n = 36)	*Beurteilungen nach 1 J.*		Beurteilung bei der *Einstellung* (Pauli-Test)	*Bemerkungen*
	Berufs-schule	Meister		
♂	III x	III	III	
♂	III	III	III	
♂	I	II	II	
♂	III x	III	III	
♀	I	II	I	
♀	I	I	II	
♀	I	II	II	
♀	II	I	–	
♀	III x	III	III	
♀	I	I	I	
♂	I	I	I	
♂	II	II	I	
♂	I	II	I	
♀	III x	III	II/III	
♂	III x	II	III	
♂	III x	II	III	
♂	II	I	I	
♂	I	I	I	
♀	III x	III	II	
♂	III x	II	III	
♂	III	II	II	
♀	I	II	I	
♀	I	II	I	
♀	II	II	II	

Fortsetzung nächste Seite

Fortsetzung Tabelle 21

Vp. (n = 36)	Beurteilungen nach 1 J.		Beurteilung bei der Einstellung (Pauli-Test)	Bemerkungen
	Berufsschule	Meister		
♂	I	II	I	
♂	I	II	I	
♂	I	II	II	
♂	I	II	I	
♂	I	II	I	
♂	I	II	I	
♂	III x	II	III	⎫ Pubertätsbe-
♀	III x	II	II	⎬ dingte Schwie-
♀	III x	II	II	⎭ rigkeiten
♀	I	II	I	
♀	I	II	II	
♀	–	II	–	

Die Meisterbeurteilung bezieht sich auf Lernfähigkeit, Arbeitsbereitschaft, Sorgfalt, Arbeitstempo, Betragen, Unfallsicherheit und Handgeschick.

26–31 Punkte I
21–25 Punkte II
14–20 Punkte III

Schulbeurteilung (Gewerbeschule)

gut – sehr gut   I
genügend – ziemlich gut   II
ungenügend   III
nicht versetzt   III x

Beurteilung nach Pauli-Test bei der Einstellung (Leistungsnorm für Lehrlinge: 1680, für Ingenieuranwärter: 2900)

Leistungsquotient (LQ)   1,1–1,4   I
                          0,7–1,0   II
                          0,3–0,6   III

Tabelle 22 Retest-Korrelationsmatrix

	Gesamt	1. Viertel	2. Viertel	1. Hälfte	3. Viertel	4. Viertel	2. Hälfte
	—	0,907	0,965	0,965	0,974	0,955	0,981
1. Viertel	0,907	—	0,891 (.934)[1]	0,967	0,839 (.945)	0,786 (.923)	0,825
2. Viertel	0,965	0,891 (.934)	—	0,976	0,923 (.944)	0,877 (.950)	0,915
1. Hälfte	0,965	0,967	0,976	—	0,9095	0,859	0,898 (.968)
3. Viertel	0,974	0,839 (.945)	0,923 (.944)	0,909	—	0,936 (.975)	0,981
4. Viertel	0,955	0,786 (.923)	0,877 (.950)	0,859	0,936 (.975)	—	0,985
2. Hälfte	0,981	0,825	0,915	0,898 (.968)	0,9813	0,9850	—

N = 200; männl. gewerbliche Berufsschüler, Alter 15 J.; nach Weiß

Fehler:
1. Hälfte gegen 2. Hälfte   r = (.802)
Verbesserungen:
1. Hälfte gegen 2. Hälfte   r = (.875)

[1]) (N = 152; Unter- und Oberprimaner, Alter 16–21 J.; nach Bartenwerfer)

Auswertungsmanuale

Merkblatt für den Arbeitsversuch

Vorbereitung:

Geeignete Plätze:	nicht zu nah aneinander; weder zu eng nebeneinander (gegenseitige Berührung!) noch zu dicht vor- bzw. hintereinander (kein Licht wegnehmen!); feststehende Tische!
Material prüfen:	Rechenbogen richtig gelegt: nach Zahl (einige überschüssige) und gleicher Vorderseite. Probezettel, genügende Zahl, mehr als Teilnehmer! (zweireihig, je 10 Additionen). 2 hinreichend lange sechskantige Bleistifte (Nr. 2), gut gespitzt. Richtige Unterlage! Keine nicht hergehörigen Gegenstände auf dem Tisch oder in nächster Nähe (aufgeräumter Arbeitsplatz). Vorkehrungen, um Störungen von außen zu vermeiden: Schild „Verbotener Eintritt. Nicht klopfen"! Richtige Lüftung und Wärme! Ausreichende (künstliche) Beleuchtung.
Behelfe des Leiters:	Schlaguhr aufgezogen! Bleistift, Blatt mit Sitzordnung, Blatt für Aufzeichnungen gesondert. Sitz hinter den Teilnehmern.
Durchführung:	Eintritt der Teilnehmer: sofort Platz nehmen, nichts mitnehmen. Keinerlei Unruhe, Hast; ruhiges, bestimmtes, freundliches Verhalten. Kopf ausfüllen lassen: Name (Vorname ausgeschrieben!) usw. Stichproben auf Richtigkeit. Aufforderung selbst nachzuprüfen. Kurze Einführung wechselnd nach Umständen. Teilnehmern die innere Anteilnahme wecken; keine Schwierigkeiten, keine Besorgnis.
Erklärung der Arbeit:	Zuerst des Bogens, seiner Handhabung: Wenden von unten nach oben (ausführen lassen); Addieren je zweier einstelliger Zahlen, nichts weiter, und zwar in besonderer Form, bedingt durch Zahlenreihen der Bogen: In jede Lücke rechts die Summe der drüber und drunter stehenden Zahl; keine Lücke überspringen.
Vormachen!	Ziffer Eins bei zweistelliger Summe weglassen. Mit jeder Reihe oben neu anfangen, als ob die vorangegangene nicht da wäre, nicht letzte Zahl mit erster addieren.
Vorversuch:	zweireihiger Probezettel. (Zahlen richtig einsetzen.) Nachprüfen, verbessern, gegebenenfalls wieder-

	holen. Glockenschlag erläutern – Zuruf „Strich" – Merkstrich (Vormachen) ohne Pause und Auslassung.
Aufgabe:	Jetzt die Hauptsache, die eigentliche Aufgabe:

Es ist die unbedingte Höchstleistung herzugeben: d.h. pausenlos mit der größtmöglichen Geschwindigkeit – selbstverständlich richtig – zu rechnen. Es kann nicht scharf genug betont werden; darauf allein kommt es an:

in jedem Augenblick Höchstleistung. (Ausführen je nach der Zusammensetzung und Eigenart der Teilnehmer.)

Um die Höchstleistung zu erreichen, ist insbesondere zu beachten:

1. Nicht schön, nur leserlich schreiben!
2. Nicht nachrechnen!
3. Keine Störung! Außerdem Ruhe im Falle eigener Behinderung.
4. Nicht laut vor sich hin rechnen.
5. Keinerlei Aussetzen oder Unterbrechung.

Abschluß: Kurze, einprägsame Wiederholung nach Stichworten: Paarweise addieren, in jede Lücke rechts eine Summe, Einer weglassen, bei Glockenzeichen „Strich" nicht vergessen (ohne Pause oder Auslassung).

Dauer (Schluß) vorbehalten (oder angeben!).

Fragen irgendwelcher Art? Nachher verboten!

Beginn: 2 Vorsignale:

1. Bitte fertig machen, d.h. Bleistift zur Hand, oben an die Stelle ansetzen (ohne zu schreiben!).
2. Auf Glockenschlag Addieren! (bis zum Halt! des Leiters).

Zubehör zum Arbeitsversuch

1. Genormte Rechenbogen: stets mehr, als unbedingt benötigt.
2. Dazu passende Schreibunterlagen (dickes Löschpapier).
3. Sechskantige, sorgfältig gespitzte Bleistifte (Nr. 2), je zwei für einen Teilnehmer.
4. Kleine Probestreifen (zweireihig, jede Reihe zu 10 Additionen, aus dem Rechenbogen zu schneiden).
5. Schema der Sitzordnung.
6. Zeitsignalgeber.
7. Auswertungsvordrucke (in 4 Farben) mit Koordinatensystem für die Arbeitskurve.
8. Auswertungsgerät zur Ablesung von Gesamt- und Teilsummen sowie zur Bestimmung der Fehlleistungen.
9. Einfacher Rechenschieber ⎫ nicht unbedingt erforderlich.
10. Einfache Rechenmaschine ⎭
11. Auswertungsmanuale.

Hauptmerkmale der Arbeitsleistung; ihre psychologische Deutung im mehrdimensionalen Zusammenhang

Symptom	Grad des Auftretens der Symptome, zugeordnete seelische Eigenschaften (+ −)			
	+	− (Ausnahme)	+ (Ausnahme)	−
		Groß	Klein	
Größe der Leistung Summe der Additionen	Willensstark (tatkräftig, aktiv, energisch) Frisch (lebhaft) Fleißig (arbeitsfreudig, einsatzbereit) eschickt (gewandt, intelligent, anpassungsfähig) Eifrig (beflissen, strebsam) Aufmerksam (gesammelt) Beherrscht Ausdauernd (stabil, zäh, hart, unermüdlich) Fügsam (einordnungswillig) Zuverlässig (pflichttreu)	*Bei Hinneigung zu derartigen Arbeiten:* Geistig eng (stumpf, unselbständig) Kleinlich Eitel Ehrgeizig	*Bei Abneigung gegen solche Arbeit (den Versuch), kritischer Einstellung, viel Überlegung:* Geistig rege (geistig selbständig, kritisch) Ausgesprochen gewissenhaft	Willensschwach (energielos) Gehemmt Antriebsarm (unstraff, spannungsarm) Ungeschickt (schwerfällig) Matt (unfrisch) Ablenkbar Unbeherrscht Weich (unfest) (s. Steighöhe)
Güte der Leistung 1. Zahl der Rechenfehler (gering – groß)	Sorgfältig (gewissenhaft, genau, solide, ernsthaft, bemüht) Nüchtern (sachlich) Vorsichtig Ruhig (besonnen, gleichmäßig, stetig) Aufmerksam (gesammelt) Beherrscht (ausgeglichen) Geschickt (angepaßt)	gering *Bei kleiner Menge, überwiegenden Verbesserungen, bestimmtem Verlauf, Einsatz, Anstieg:* Kleinlich (ängstlich, pedantisch, übertrieben, sorgfältig)	groß *Bei ausgesprochener Mengenleistung, ungehemmtem Verlauf:* Großzügig (auf das große Ganze bedacht)	Unaufmerksam (zerfahren, zerstreut, ablenkbar) Unstet Unbeherrscht Kopflos (verwirrt) Ungründlich Unsicher (schwankend, unstraff, unbeständig, ungleichmäßig) Planlos Nachlässig Ungeschickt Unbesonnen Unsolide Gleichgültig
Güte der Leistung 2. Zahl der Verbesserungen (gering – groß)		*Bei wesentlich höherer Fehlerzahl:* Gleichgültig (nachlässig, nicht sorgfältig, nicht gewissenhaft)	*Bei kleiner Fehlerzahl:* Sorgfältig (umsichtig, genau)	Ungeschickt (nicht angepaßt) Überstürzt (unbeherrscht) Unausgeglichen Planlos Gleichgültig

Verlauf der Leistung (im ganzen)	(s. Größe der Leistung)	groß	Bei sehr niederer Anfangsleistung:	klein	Bei hohem Einsatz und entsprechender Durchschnittsleistung:	klein	
1. Steighöhe	Willensstark (tatkräftig, aktiv, energisch) Frisch (lebhaft) Arbeitsfreudig (einsatzbereit) Geschickt (anpassungsfähig, gewandt, intelligent)		Ängstlich (zaghaft) Ungeschickt (umständlich, schwerfällig)		Draufgängerisch Arbeits- und leistungswillig Zielstrebig Geschickt (gewandt)		Willensschwach (energielos) Gehemmt Antriebsarm (unstraff, spannungsarm) Ungeschickt (schwerfällig) Matt (unfrisch) Ablenkbar Unbeherrscht Weich (unfest)
Verlauf der Leistung (im ganzen)		früh	Bei niederem Einsatz, geringer Schwankung:		Bei hoher Ausgangslage und steilem Anstieg:	spät	
2. Gipfellage (Zeitabstand)	Ausdauernd (zäh, hart, unermüdlich, stabil) Energisch Beherrscht (ausgeglichen) Eifrig (bemüht, strebsam)		Umständlich (antriebsarm) Reserviert Wenig vitalkräftig		Draufgängerisch (stürmisch, rückhaltlos sich einsetzend) Hart gegen sich Eifrig Einsatzbereit		Willensschwach (weich, nachgiebig)
Verlauf der Leistung (im einzelnen)		groß	Bei geringer Steighöhe, frühem Abfall:		Bei sonst günstiger Symptomatik:	klein	
3. Stetigkeit	Ruhig (ausgeglichen, gefestigt, besonnen, stetig) Beherrscht Aufmerksam (gesammelt) Sachlich (nüchtern) Geschickt (leistungswillig, anpassungsfähig)		Stumpf (antriebs- und erlebnisarm, unlebendig)		Temperamentvoll (stark, erlebnisfähig)		Zerstreut (zerfahren, ablenkbar) Sprunghaft (unstet) Unbeherrscht (unruhig, unausgeglichen) Ichbezogen Weich Gefühlsbestimmt
Verlauf der Leistung (im einzelnen)		stark	Bei starkem Schlußabfall und vielen Fehlleistungen:		Bei fortgesetztem Anstieg, wenig Fehlleistungen, hohem Einsatz:	schwach	
4. Anfangsanstieg	Eifrig (einsatzbereit, willig) Geschickt (praktisch, anpassungsfähig) Frisch (aktiv, unternehmend, begeisterungsfähig) Bestimmt Vitalkräftig (selbstbewußt, selbstsicher)		Voreilig (überstürzt, unbesonnen) Unökonomisch		Vorsichtig (bedacht, überlegt)		Nicht einsatzbereit Unstraff (spannungsarm) Weich (wenig widerstandsfähig) Oberflächlich Unbestimmt Arm an Selbstvertrauen

Verlauf der Leistung

Sondersymptome:

Anfangsabfall: Je kürzer, desto besser (Null im Grenzfall), normale bis gute Einsatzhöhe vorausgesetzt.
Deutung wie bei Steighöhe: groß + (günstige Bewertung)
Ausgeglichener Verlauf: Gipfelausbildung mit nachfolgendem Schlußanstieg ausgesprochen bevorzugt.
Deutung wie bei Gipfellage, großem Zeitabstand + (günstige Bewertung)
Steighöhe: Negative Form (Vertauschung von Tief- und Höhepunkt, zumal bei ausgeglichener Kurve.
Deutung wie bei Steighöhe: klein — (ungünstige Bewertung)
Starke Schwankung bei sonst guter Symptomatik deutet auf künstlerische Veranlagung hin.
Langdauernde Anstiegszeit verrät soziale Schwierigkeit.

Tabelle 2a Mediane für Kenngrößen des Pauli-Tests

Alter (1)	Gr. (2)	Geschl. (3)	N (4)	Su. (5)	Qa (6)	Rel. Qa (7)	F % (8)	V % (9)	S (10)	S % (11)	Steigh. (12)	Ag. Sh. (13)	Gl (14)
10	VS	M	237	914	222	.243	.20	.20	5.29	12.61	−27.0	−11.00	10.0
10	OS	M	17	1069	139	.130	.50	1.15	3.95	7.88	−17.0	6.25	13.0
11	VS	M	308	1009	241	.239	.10	.32	5.26	11.33	−25.0	−8.25	11.0
11	OS	M	26	1396	298	.213	.25	1.00	4.55	6.30	39.5	23.75	15.0
12	VS	M	113	1000	269	.270	.20	.20	5.16	11.15	−20.0	−5.75	12.0
12	OS	M	24	1825	363	.199	.45	.60	4.64	4.87	40.5	23.75	16.0
13	VS	M	31	1133	218	.192	.65	1.75	5.27	9.96	24.0	5.50	13.0
13	OS	M	24	1938	319	.161	.30	.65	5.21	5.19	44.0	29.00	14.5
14	VS	M	142	1651	403	.244	.75	1.50	5.92	6.91	36.0	18.75	15.2
14	OS	M	21	2036	210	.103	.70	1.15	5.06	5.33	53.0	39.00	15.0
15	BS	M	300	1638	340	207	.75	1.50	5.62	7.03	34.0	18.75	15.0
15	OS	M	25	2155	284	.132	.30	.75	4.62	5.21	58.0	36.75	16.0
16	BS	M	296	1784	391	.219	.67	1.57	5.66	6.38	30.0	21.25	16.0
16	OS	M	24	2303	285	.124	.35	.95	6.15	6.27	56.5	37.50	15.0
17	BS	M	138	1934	407	.211	.50	1.30	5.24	5.66	41.0	21.50	15.2
17	OS	M	24	2541	344	.135	.80	2.00	4.05	3.07	46.0	30.75	16.0
18	BS	M	50	2279	340	.149	.50	1.00	5.74	5.44	42.0	23.75	16.0
18	OS	M	75	2924	350	.120	.50	2.00	4.90	3.34	48.0	33.85	17.0
19	BS	M	35	2569	361	.140	.35	1.20	4.93	3.92	48.0	30.25	13.0
19−20	OS	M	68	2920	343	.117	.53	1.05	4.77	3.32	49.5	32.25	16.0
19−21	ST	M	70	2944	311	.106	.45	1.00	4.71	3.47	49.0	31.50	16.6
22−24	ST	M	102	2676	327	.139	.57	.91	5.12	3.78	49.0	20.00	16.0
25−30	ST	M	39	2690	421	.156	.50	.89	4.99	3.69	40.0	26.00	14.0
10	OS	W	25	1365	144	.105	.40	1.25	4.55	6.60	29.0	14.75	13.5
10	VS	W	35	952	172	.181	.60	1.05	4.80	10.98	12.0	5.00	12.5
11	OS	W	53	1341	231	.172	.35	1.30	4.27	6.40	24.5	13.00	14.5
11	VS	W	37	1014	227	.224	.75	1.12	5.19	10.35	26.0	11.25	13.3
12	OS	W	34	1580	303	.192	.45	1.20	3.95	5.19	39.5	26.00	15.5
12	VS	W	22	1250	448	.358	.40	.90	5.30	9.09	34.0	18.00	14.0
13	OS	W	33	1963	330	.168	.50	1.15	4.51	5.33	45.0	26.50	16.5
13	VS	W	32	1286	248	.193	.85	1.12	5.43	8.08	31.0	17.75	15.5
14	VS	W	26	1683	395	.235	.50	1.00	5.64	5.88	38.0	24.38	16.0
14	OS	W	34	1960	354	.181	.40	1.10	4.47	4.77	48.5	28.25	17.5
15	BS	W	54	1961	294	.150	.58	1.12	5.46	5.39	44.0	24.16	17.2
15	OS	W	42	1986	300	.151	.40	1.30	5.05	4.51	45.0	29.37	16.5
16	BS	W	49	2229	495	.222	.40	1.00	4.45	3.91	49.0	33.00	17.0
16	OS	W	34	1986	202	.102	.50	1.35	4.46	4.70	43.5	29.75	17.0
17−19	BS	W	27	2162	219	.101	.70	.75	4.55	4.26	47.0	29.25	17.0
17	OS	W	24	2491	227	.091	.70	1.12	5.07	4.18	54.7	37.25	17.2
18	OS	W	14	2217	427	.193	1.00	.95	4.97	3.59	58.0	38.25	16.7
19−21	ST	W	110	2508	325	.130	.55	1.31	4.70	3.78	49.0	32.25	17.0
22−29	ST	W	36	2760	305	.111	.60	.85	4.69	3.41	47.5	32.12	16.5
19−30	ST	M+W	434	2666	372	.140	.50	1.05	4.71	3.63	48.0	30.80	16.0

Die dazugehörige Tabelle 2 (Arithmetische Mittel für Kenngrößen des Pauli-Tests) siehe S. 152.

Kontrolluntersuchungen der Polnischen Akademie der Wissenschaften

1st study, young men aged 20–37, education from 7–12 grades ($N = 542$)

Intercorrelations[a]

Variable	1	2	3	4	5	6
1. Total	—	.06	.27	−.29	−.28	−.45
2. Increase %	.06	—	.12	.00	−.02	−.05
3. Convexity II	.27	.12	—	−.05	.06	−.12
4. Error %	−.29	.00	−.05	—	.34	.19
5. Correction %	−.28	−.02	.06	.34	—	.00
6. Fluctuation (M.A.C)	−.45	−.05	−.12	.19	.06	—

[a] Values above .088 significant at the .05 level, values above .115 significant at the .01 level.

Stability (test-retest)

	Interval of 3 days ($N = 88$)		Interval of 2 months ($N = 65$)	
Variable	r	σ_e	r	σ_e
1. Total	.91[b]	154	.87[b]	184
2. Increase %	.02	9.5	.20	8.6
3. Convexity II	.21[a]	43	.30[a]	40
4. Error %	.52[b]	.7	.66[b]	.6
5. Correction %	.50[b]	6.0	.58[b]	5.5
6. Fluctuation (M.A.C)	−.10	3.2	.30[a]	2.6

[a] Significant at the .05 level. [b] Significant at the .01 level.

Means and ranges ($N = 542$)

Variable	$\overline{X}$	Low Score	High Score
1. Total	2052	766	3916
2. Increase %	14.3	−17.0	78.0
3. Convexity II	246.4	95.0	352.0
4. Error %	.67	.00	6.00
5. Correction %	1.0	.00	4.00
6. Fluctuation (M.A.C)	5.6	.01	12.20

2nd study, three groups of musical school students (total $N = 280$)
Means and standard deviations for two sexes

	Boys						Girls					
	8th grade $N = 12$		12th grade $N = 37$		College seniors $N = 52$		8th grade $N = 77$		12th grade $N = 32$		College seniors $N = 40$	
Variable	$\overline{X}$	s	$\overline{X}$	s	$\overline{X}$	s	$\overline{X}$	s	$\overline{X}$	s	$\overline{X}$	s
1. Total	1853	582	2325	577	2546	632	1969	566	2638	625	2517	461
2. Error %	1.2	1.8	1.0	.6	1.0	2.3	1.9	4.7	1.2	1.4	.8	.7
3. Correction %	1.7	.9	1.2	.7	1.4	1.2	1.7	.9	1.9	1.4	1.2	.8

Differences between means of boys and girls nonsignificant.

Means and ranges for both sexes combined

	8th grade ($N = 119$)				12th grade ($N = 69$)				College seniors ($N = 92$)			
Variable	$\overline{X}$	s	Low score	High score	$\overline{X}$	s	Low score	High score	$\overline{X}$	s	Low score	High score
1. Total	1928	567	700	3400	2495	635	900	3800	2531	644	1100	3700
2. Maximum	115	47	53	198	153	33	64	284	194	35	69	210
3. Increase %	—	—	—	—	18	10	−22	53	18	25	−19	37
4. Convexity II	254	368	147	558	256	228	55	388	274	345	128	396
5. Error %	1.6	1.9	.04	9.6	1.1	1.0	.00	6.0	.6	2.9	.00	3.4
6. Correction %	1.7	.9	.2	3.6	1.4	.8	.3	6.8	1.3	1.1	.2	3.8

Means and standard deviations for highest and lowest 10%

	8th grade				12th grade				College seniors			
	Highest 10% $N = 12$		Lowest 10% $N = 12$		Highest 10% $N = 7$		Lowest 10% $N = 7$		Highest 10% $N = 10$		Lowest 10% $N = 10$	
Variable	$\overline{X}$	s	$\overline{X}$	s	$\overline{X}$	s	$\overline{X}$	s	$\overline{X}$	s	$\overline{X}$	s
1. Total	2029	568	1597	471	2847	681	2368	596	2654	825	2575	309
2. Maximum	—	—	—	—	163	30	147	35	156	44	151	20
3. Increase %	—	—	—	—	12	12	21	10	10	17	15	7
4. Convexity II	—	—	—	—	228.4	81.5	238.0	46.0	267.7	83.2	231.8	58.8
5. Error %	.54	.40	2.29	3.41	.27	1.59	.83	.63	.55	.41	.91	.83
6. Correction %	1.48	.96	1.92	1.06	1.66	1.09	1.65	.91	1.03	.82	1.05	.60

All differences between means for high and low groups nonsignificant.

3rd study, locomotive engineers

Means, standard deviations and ranges

Variable	Age group 51–55 ($N = 56$)				Age group 56–60 ($N = 59$)			
	$\overline{X}$	s	Low score	High score	$\overline{X}$	s	Low score	High score
1. Total	836	264	304	1318	874	287	420	1738
2. Error %	1.04	1.22	.00	6.23	.59	.25	.00	4.12
3. Correction %	.88	.59	.00	2.77	.58	.69	.00	3.80
4. Ratio 2nd/1st half	1.16	.18	.10	1.56	1.18	.24	1.02	1.38

In this study Uchida-Kraepelin was used.

4th study, comparison of normals, neurotics, functional psychotics and brain damaged patients

	Normals $N = 100$	Neurotics $N = 100$	Psychotics $N = 100$	Organic $N = 100$
Means of additions per minute	30	20	16	8
S.D. of additions per minute	10.95	9.93	7.43	5.23
Range	19	14	13	8
Error %	1.3	2.4	2.8	3.8
Last 5′/First 5′	1.08	1.04	1.02	.98

In this study Wells-Ruesch Continuous Additions Test was used (30 min).

Correlations with other variables
1st study ($N = 612$)[a]

	Total	Increase %	Convexity II	Error %	Correction %	Fluctuation II
General Information Test	.26	−.02	.05	−.11	−.17	−.15
A.G.C.T.	.46	−.02	.03	−.28	−.23	−.22
Oral Directions	.36	−.07	.04	−.24	−.25	−.17
Auditory Memory	.30	−.06	.08	−.17	−.07	−.22
Visual Memory	.16	.04	.03	−.08	−.12	−.16
Guilford-Zimmerman Temperament Survey:						
Activity	.00	−.04	−.02	.01	−.05	.05
Restraint	−.03	.01	−.08	.02	−.07	.05
Ascendance	.02	.00	.01	.03	−.06	.10
Sociability	.09	.00	.02	−.01	−.09	.00
Emotional Stability	−.03	−.04	−.00	.06	−.04	.01
Objectivity	.08	.01	.01	.04	−.07	−.04
Friendliness	.02	.00	−.03	.02	−.01	−.06
Thoughtfulness	.10	.03	.06	−.09	−.09	−.03
Personal relations	.01	.03	−.04	−.01	−.07	−.05
Masculinity	.11	.00	.01	−.01	−.04	−.05
Biographical Inventory	.28	−.02	.04	−.05	−.18	−.10
Practical Intelligence	.26	.01	.06	−.10	−.12	−.11
Age	−.00	−.08	−.00	−.03	−.10	−.01
Education	.20	.03	.07	−.04	−.14	−.08

[a] Values above .088 significant at the .05 level, values above .115 significant at the .01 level.

2nd study

	Total	Error %		Total	Error %
8th grade ($N = 119$)			College seniors ($N = 92$)		
Marks in music	.28[b]	−.14	Marks in music	.07	−.06
Wing's "Musical Intelligence"	.18	−.19[a]	Marks in mathematics	.33[b]	−.03
A.G.C.T.	.67[b]	−.10	High school final marks	.27[b]	−.02
12th grade ($N = 69$)			Wing's "Musical Intelligence"	.13	−.54[b]
Age	−.08	−.10	A.G.C.T.	.49[b]	−.46[b]
Marks in music	−.06	.11			
Marks in mathematics	.59[b]	−.35[b]			
A.G.C.T.	.55[b]	−.40[b]			

[a] Significant at the .05 level.   [b] Significant at the .01 level.

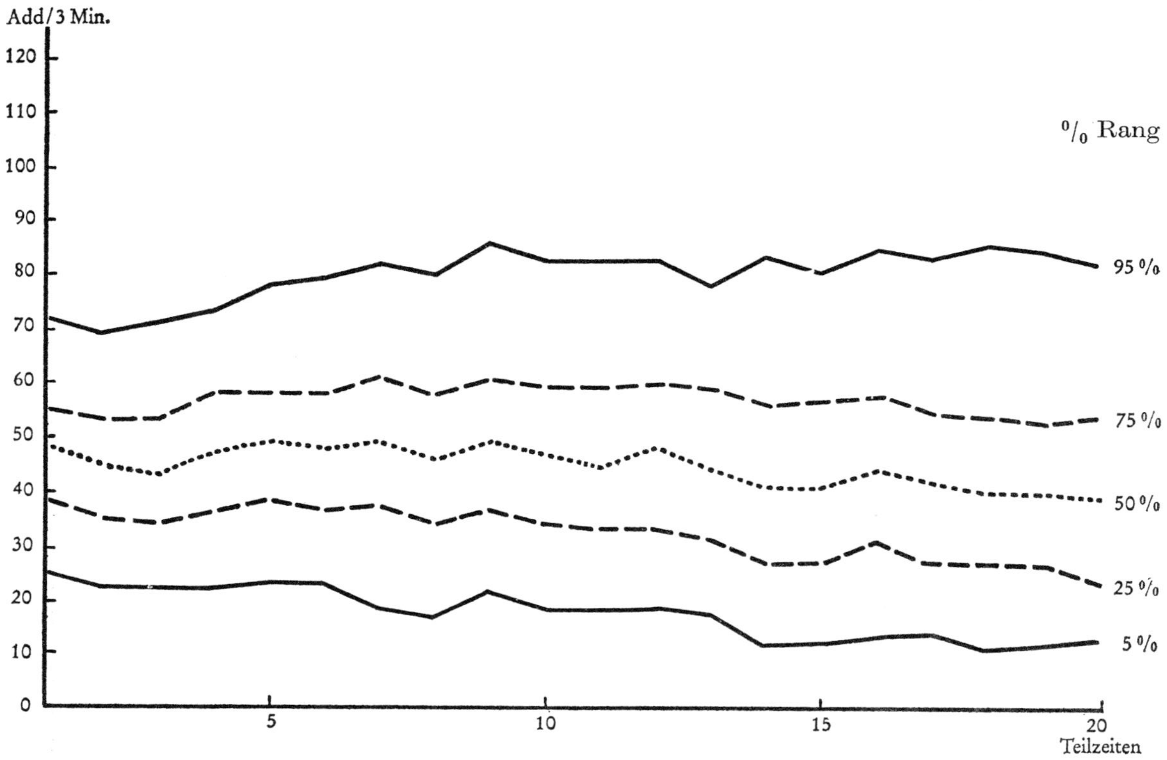

Add./3 Min.

%/₀ Rang

95%
75%
50%
25%
5%

Kurvenverlauf 10jähriger männlicher Volksschüler (n = 237)

Teilzeiten

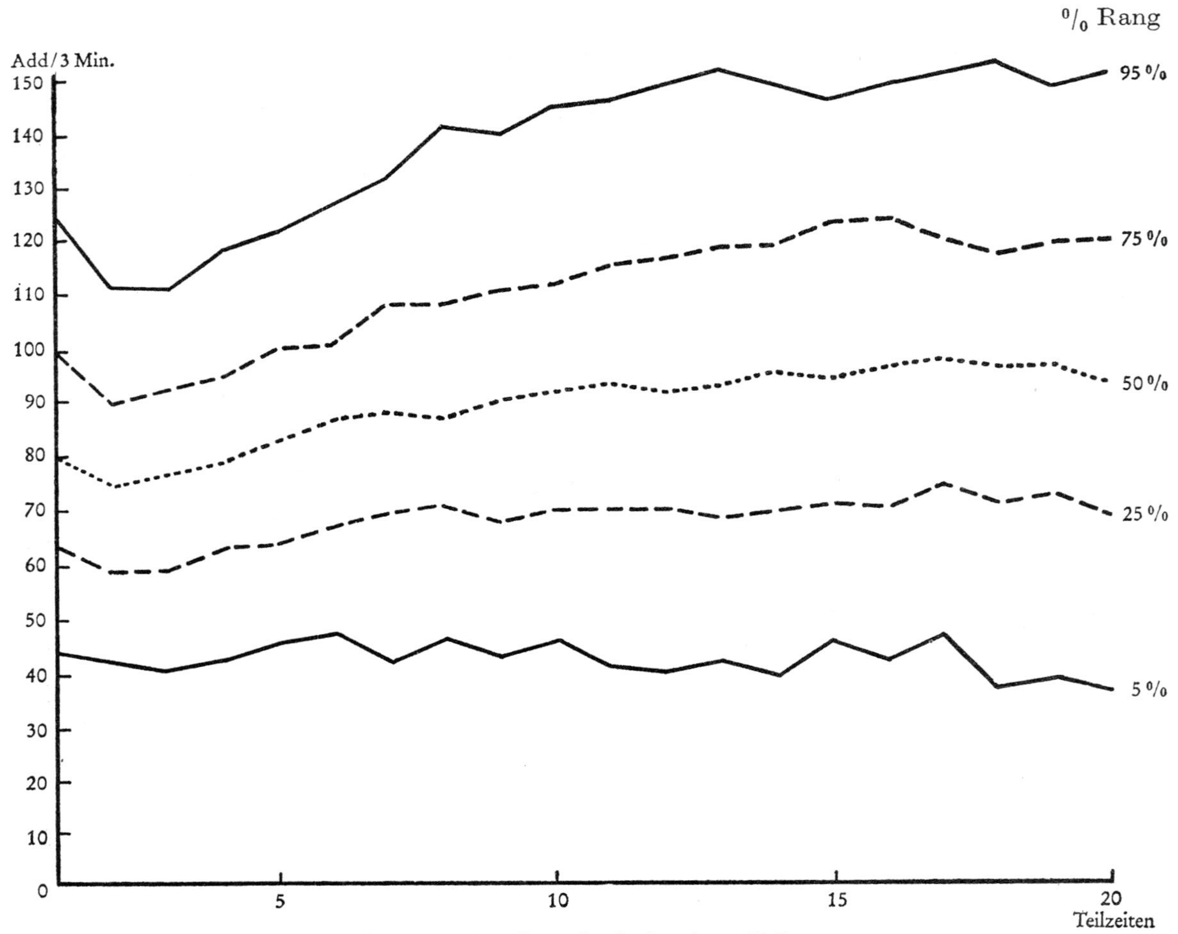

Kurvenverlauf 16 jähriger männlicher Berufsschüler (n = 296)

Kurvenverlauf männlicher und weiblicher Studenten (Alter 18–30 Jahre, n = 434)

Sachverzeichnis

Ablenkbarkeit 13
Adaptationsfähigkeit 59
Additionsgeschwindigkeit 21
Affektivität 98
Akzeleration 110
Alterseinfluß 78
Anfangsleistung 52, 77
Anpassung 83, 93
Anregung 73
Anspruchsniveau 86
Anweisung 23 ff.
Anwendbarkeit 89 ff.
Arbeitsdauer 73 f.
Arbeitseinstellung 12
Arbeitskurve 15, 34 ff.
Arbeitsleistung 52
Arbeitsprobe 23
Arbeitsverhalten 22
Athletiker 97 f.
Aufmerksamkeit 93
Aufmerksamkeitsrhythmus 54
Ausdauer 22
Ausgleichung der Kurve 36 f.
Aussprache 62
Auswertung 31 ff., 39 ff.
Auswertungsgerät 31 f., 35

Befragung 27, 62
Begabung 21
Begabungswandel 80
Beleuchtung 23, 109
Beruf 102 ff.
Berufsberatung 89
Berufsschüler 78, 151 ff.
Bestauslese 42, 44
Bewährungskontrollen 102 ff.
Bewertung 41
Bildungsunterschiede 80 ff.
Biologische Sonderfälle 94 f.
Blinde 101 f.
Bourdon-Test 68 f., 107

Charakterologischer Symptomkomplex 13

Deutung 43 ff.
Deutungsmöglichkeiten 44 ff.
Differenzierungsmöglichkeiten 77
Dreiminutenleistung 33, 35
Drogenwirkung 95 f.

Eigentempo 18 f.
Eignungsuntersuchungen 14, 89
Einflußfaktoren 77 ff.
Einstellung 62, 65, 83
Einzelleistung 17
Einzelschwankung(en) 54
Einzelversuch 101
Entwicklungsgehemmte 99
Enzephalitis 92
Epileptiker 92
Erbe 88
Erholungsfähigkeit 13
Erkrankungen 90 ff.
Ermüdung 13, 20, 27, 78
Ernstsituation 25
Erstversuche 23, 83
Erziehungsberatung 89
Extravertierte 96 f.

Faktorenanalyse 63 ff., 71 ff.
Fehler 31, 34
Fourieranalyse 55 ff.

Geeignetheit 62
Gefühlsmomente 87 f.
Gemeinschaftsarbeit 15, 20
Genauigkeitsindex 32
Gesamtbefund 53
Gesamteindruck 31, 52
Gesamtverlauf 38 f, 43, 47, 52
Geschlechtsunterschiede 77 ff.
Gewöhnung 13, 73, 83
Gipfellage 35 f., 43, 47, 52

Graphologische Verwertung 108
Grundeigenschaften 13
Grundleistung 15
Güte 32, 34, 45, 76

Haltlose 99f.
Hauptsignal 25
Heringsche Schleife 54
Herzrhythmik 109
Hilfsmittel 18, 23, 31, 171, 173
Hirnverletzte 92ff., 136f., 164
Höchstleistung 24, 27, 36
Höhenlage 23, 37
Höhere Schüler 81f., 110

Innere Haltung 86f.
Interkorrelationen 68ff., 107f.
Introvertierte 96f.

Jugendalter 79

Kollektivgesetzmäßigkeiten 102
Kommunalitäten 72
Komponentenanalyse 55, 72
Konstitutionstypen 96
Kontrolluntersuchungen 70f.
Kurvenanalyse 54ff.
Kurvendiskussion 55ff.
Kurvenelemente 55
Kurvengang 54
Kurventypen 96
Kurvenverlauf 47
Kurzschwankung 36
Kurzversuch 13, 87

Lehrerurteil 103f.
Leistung 22
Leistungserfolg 18, 34
Leistungsergebnis 15, 22
Leistungserlebnis 18
Leistungsfähigkeit 13, 20, 21f.
Leistungsgröße 33, 45, 73
Leistungsgüte 73
Leistungspersönlichkeit 22, 102

Leistungsprüfung 11f.
Leistungsquotient 40f.
Leistungsstreben 76
Leistungsweg 15, 22, 34f., 38
Leptosome 97f.
Lücke 31
Lungentuberkulöse 100

Mareysche Kapsel 54
Massenversuch 15, 23
Medianwerte 46, 152, 176
Menge 32ff., 43, 93
Menge-Güte-Konkomitanz 76
Motivation 86
Motorik 98

Näherungsverfahren 34
Narkotikum 95f.
Negative Phase 78
Normbereich 40, 46
Normkurve 38
Normmenge 40
Normwerte 33, 77, 151ff., 176

Parkinsonismus 92
Personalauslese 12, 89
Personale Konstitution 60
Personenbereich 15
Pharmakopsychologie 89, 95f.
Phasenschwankung 36
Prinzipialkomponenten 60, 63
Proaktivität 74
Prüfungsbewußtsein 14
psychisches Tempo 21
Pubertät 78
Pykniker 97f.

Qualität 93

Rangordnungsregel 39
Reaktionen 18
Rechenbogen 32
Rechenfähigkeit 21
Retardation 110

183

Rhythmen 60f.

Sättigung 19
Schätzung 41
Schiefe und Exzeß der Kurven 46
Schizothyme 96ff.
Schlaftiefe 13, 42
Schlechtauslese 42, 44
Schriftbild 31, 53
Schriftwaage 54
Schullaufbahnberatung 89
Schwachsinnige 99f.
Schwankung(en) 35f., 37, 47, 52, 102
Schwarzer-Gerät 54
Schwererziehbarkeit 98ff.
Selbstbeherrschung 22
Selbstbelastung 18
Selbstbeobachtung 22, 26f., 87
Selbstbeurteilung 22, 26f.
Sonderfälle 94f.
Spezialgedächtnis 13
Staffelrechnung 17
Steighöhe 35f., 43, 47, 52, 91
Stetigkeit 52
Stichprobe 34
Stimmungsmomente 87f.

Tachistoskop 84
Tageszeit 109
Taubstumme 100
Teilleistung 17
Teilzeiten 55
Temperament 18
Typologie 96ff.

Übersättigung 19

Übung 73, 83
Übungsfähigkeit 13
Übungsfestigkeit 13
Übungskurven 55
Umgewöhnung 18
Umweltdifferenzen 80

Variable 71
Variationen 28ff.
Verbesserungen 18, 31, 34
Verbesserungsprozent 32
Vergleichsmöglichkeiten 15
Verhaltensbeobachtung 53
Verlaufstypen 38f.
Versuchsablauf 25ff.
Versuchsbedingungen 23, 24
Versuchsbeginn 25
Versuchsdauer 19
Versuchserlebnis 19
Versuchsleiter 25
Versuchssituation 20
Volksschüler 81f., 90
Vorauslese 44
Vorsignal 25

Wahlreaktion 18
Wesenseigenschaften 22
Wiederholung 23, 83ff.
Wiederholungsversuche 85f.
Wille 22, 94

Zähigkeit 22
Zeitmarke 24
Zeitsignalgeber 25, 124
Zeittäuschung 19
Zyklothyme 96ff.

W.F. ANGERMEIER
Kontrolle des Verhaltens:
Das Lernen am Erfolg
51 Abb. XI, 205 Seiten. 1972
(Heidelberger Taschenbücher, Band 100
Basistext Psychologie)
DM 16,80; US $7.30   ISBN 3-540-05689-0

W.F. ANGERMEIER, M. PETERS
Bedingte Reaktionen
Grundlagen – Beziehungen zur Psychosomatik
und Verhaltensmodifikation
44 Abb. XI, 204 Seiten. 1973
(Heidelberger Taschenbücher, Band 138
Basistext Psychologie-Medizin)
DM 16,80; US $7.30
ISBN 3-540-06393-5

Medizinische Psychologie
Herausgeber: M.v. Kerekjarto
Mit Beiträgen von D. Beckmann, K. Grossmann,
W. Janke, M.v. Kerekjarto, H.-J. Steingrüber
23 Abb., 22 Tab. XV, 304 Seiten. 1974
(Heidelberger Taschenbücher, Band 149
Basistext Medizin)
DM 19,80; US $8.60
ISBN 3-540-06736-1

Lexikon der Psychiatrie
Gesammelte Abhandlungen der gebräuchlichsten
psychopathologischen Begriffe.
Herausgeber: C. Müller
8 Abb. XII, 592 Seiten. 1973
Geb. DM 98,–; US $42.20
ISBN 3-540-06277-7

Springer-Verlag
Berlin
Heidelberg
New York

Preisänderungen vorbehalten

H. KIND
Leitfaden für die psychiatrische Untersuchung
Eine Anleitung für Studierende und Ärzte
in Praxis und Klinik
10 farbige Testtafeln. XI, 154 Seiten. 1973
(Heidelberger Taschenbücher, Band 130)
DM 19,80; US $8.60   ISBN 3-540-06315-3

S. MEYER-OSTERKAMP, R. COHEN
Zur Größenkonstanz bei Schizophrenen
Eine experimentalpsychologische Untersuchung
Mit einem einführenden Geleitwort von
H. Heimann
5 Abb. VII, 91 Seiten. 1973
(Monographien aus dem Gesamtgebiete der
Psychiatrie/Psychiatry Series, Band 7)
Gebunden DM 53,—; US $22.80
ISBN 3-540-06147-9

Psychodrama
Theorie und Praxis

Band 1: G.A.LEUTZ
Das klassische Psychodrama nach J.L. Moreno
17 Abb. XIV, 214 Seiten. 1974
DM 38,—; US $16.40
ISBN 3-540-06824-4

O. BENKERT, H. HIPPIUS
Psychiatrische Pharmakotherapie
Ein Grundriß für Ärzte und Studenten
15 Abb., 3 Tab. XIII, 252 Seiten. 1974
(Ein Kliniktaschenbuch)
DM 19,80; US $8.60
ISBN 3-540-07031-1

Springer-Verlag
Berlin
Heidelberg
New York

Preisänderungen vorbehalten